ISBN-13: 978-1518843969

ISBN-10: 1518843964

Gestión del mantenimiento
preventivo - correctivo

Miguel D'Addario

Primera edición

2015

CE

Índice

Prólogo / 13
    Mantenimiento, la importancia de no obviar su aplicación
        Las razones y justificaciones
        Mejor prevenir que lamentar / 14
        La gestión como desarrollo y aplicación / 15
        Conclusión / 16

Mantenimiento. Definición / 19
    El mantenimiento puede ser preventivo o correctivo
    Organigrama del mantenimiento / 20
    Organigrama en función de la empresa / 22
    Organigrama general de la producción / 23
    Organización interna del mantenimiento
    Mantenimiento contratado / 24
    Confección de informes de mantenimiento / 25
    Hojas de partes de averías / 26
    Orden de reparación / 28
    Historial de averías / 30

Mantenimiento y seguridad industrial / 33
    Introducción
    Mantenimiento / 35
    Características del personal de Mantenimiento
    Breve Historia de la Organización del Mantenimiento / 36
    Criterios de la Gestión del Mantenimiento / 38
    Clasificación de las Fallas / 39
        Fallas Tempranas / 40
        Fallas adultas
        Fallas tardías
    Tipos de Mantenimiento / 41
        Mantenimiento para Usuario
        Mantenimiento correctivo
        Mantenimiento paliativo o de campo (de arreglo) / 42
        Mantenimiento curativo (de reparación)
    Conclusiones

Historia / 44
    Mantenimiento Preventivo / 45
    Mantenimiento Predictivo / 48
    Mantenimiento Productivo Total (T.P.M.) / 49

Conceptos Generales de Solución de Problemas / 52
    Método Implementación Gestión Mantenimiento
    Organigrama del Departamento de Mantenimiento / 53
    Gerencia de Infraestructura y Mantenimiento
    Mantenimiento de infraestructura

Síntesis del mantenimiento Industrial / 55
    Puesta a cero / 57
    Costos de mantenimiento. Gráfico / 59
    Evaluación / 60
        Mantenimiento por avería / 61
        Avería / 62
        Vida útil. Diagrama de Davies
        Índice de Fallos. Fórmula / 64
        Mantenimiento preventivo / 65
        Mantenimiento predictivo / 67
        Sistema alterno o combinado / 68
        Tabla de parámetros para categorizar equipos / 69

Diseño del mantenimiento / 70
    La excelencia es hacer muchas cosas bien / 72
    Capacidad y habilidad de la fuerza de trabajo
    Competencia en la administración y la técnica
    Evidencia por la calidad
    Participación de la fuerza de trabajo / 73
    Mejoramiento continuo de la ingeniería de manufactura
    Enfoques para mejoramientos incrementales
    Tero–Tecnología avanzada / 74
    Las políticas se agrupan generalmente en cuatro formas / 80
    Las acciones de mantenimiento / 81
    Tercerización: otra alternativa / 87
    Etapas / 88
    Demanda de servicio / 89
    Para planificar se requiere
    Para programar se necesita
    Distribución del trabajo / 90
    Realización de las intervenciones
    Gestión de personal
    Pruebas / 91
    Control
    Efectividad
    Proceso
    Identificación de las fallas funcionales / 92
    Ciclo virtuoso / 95

GMAO / 96
    Ventajas de utilizar Programas GMAO - Software GMAO / 97
    Los mejores Programas GMAO - Software GMAO
    ¿Cuáles son las principales características de un GMAO? / 99
    Fases de implementación de GMAO
    Introducción del Plan en el Sistema / 100
    Definición de determinadas formas de funcionamiento
    Errores Habituales en la Implementación de GMAO / 101

Órdenes de trabajo / 102
    Tipos de orden de trabajo / 103
    Orden de Trabajo Correctiva
    Orden de Trabajo Preventiva / 104
    Fichas / 105

SINOPSIS del PROYECTO y DESARROLLO del MANTENIMIENTO PREVENTIVO CORRECTIVO y de SERVICIO / 111
    FASE 1. Título: Instauración de un gabinete técnico estructurado en 3 pilares / 113
    FASE 2. Título: Instructivo formativo o manual explicativo dirigido al personal técnico afectado al mantenimiento / 115
    FASE 3. Título: Estructuración y consideraciones del contenido a incluir en el mantenimiento preventivo, correctivo y de servicio / 117
    FASE 4. Título: Disposición y desarrollo del "planning de tareas diarias" del mantenimiento / 121
    FASE 5. Título: Conmutar el mantenimiento, de un sistema manual (actual) a un sistema automatizado / 123
    Anexo final a la sinopsis / 125

Diagramas de flujo de sistemas mantenimiento preventivo correctivo / 127

Prólogo

Mantenimiento, la importancia de no obviar su aplicación

El "Mantener" máquinas o sistemas de equipos e instalaciones es de vital importancia para, no solo, el buen funcionamiento de éstos, sino para la disminución de gastos en presupuestos empresariales; el cálculo previsible en gastos e inversiones de repuestos y accesorios; la producción constante y eficaz de una empresa; y en muchos casos, evitar la contaminación del medio ambiente y la de los operadores de las máquinas; impedir daños, desastres y hasta catástrofes. Es válido recordar el resultado de la planta atómica de Chernóbil, y el alto índice de accidentes laborales en los países más desarrollados.

Las razones y justificaciones
Muchas compañías locales y de varios puntos del mundo, no consideran el valor de la aplicación del mantenimiento Preventivo Total (MPT) a la hora de decidir los presupuestos; argumentando, en algunos casos, que éste produce un gasto innecesario; en otros casos, -al no

contar con personal idóneo para tal fin-, por inexperiencia a la hora de seleccionar especialistas; ignorando la importancia del mantenimiento preventivo total y sus consecuencias de real relevancia.

De igual modo, el neo mantenimiento "integral", una nueva forma improvisada de mantener equipos, reduce costos y personal, a corto plazo, y dado que este método finaliza como resultante en un sistema llamado "Bomberismo", donde el equipo de mantenimiento se comporta como un cuartel de bomberos, apagando focos incendiarios por doquier. Así, se aplican métodos arcaicos de los años´40, lo que incluye lógicamente falta de especialistas en el tema.

Mejor prevenir que lamentar
Podemos ser Preventivos y Predictivos cada día, en distintos aspectos de nuestra vida diaria, pero quienes mantenemos equipos, sabemos que es muy necesario la aplicación de éstos, y si no fuera así, deberíamos conocerlos.

El mantenimiento Preventivo consiste en intervenciones periódicas, programadas con el objetivo de disminuir la cantidad de fallos aleatorios. No obstante éstos no se eliminan totalmente. El accionar preventivo, genera nuevos costos, pero se reducen los costos de reparación, las cuales disminuyen en cantidad y complejidad.

En cambio, el Predictivo se trata de un mantenimiento profiláctico, pero no a través de una programación rígida de acciones como en el mantenimiento preventivo. Aquí lo que se programa y cumple con obligación son "Las inspecciones", cuyo objetivo es la detección del estado técnico del sistema y la indicación sobre la conveniencia o no de realización de alguna acción correctora. También nos puede indicar el recurso remanente que le queda al sistema para llegar a su estado límite.

Para lograr estos objetivos antedichos, es imprescindible generar un sistema de Gestión, que abarque otros subsistemas anexados, que auxiliarán el funcionamiento de la gestión del MPT.

La gestión como desarrollo y aplicación

Gestionar el mantenimiento requiere la participación de otras ciencias y otras áreas de la industria como la química, la física, la matemática, la informática, etc.

Cada elemento componente de la gestión, debe cumplir su objetivo y ser sistemático en su aplicación.

Por todo lo anterior, el profesional ingeniero, técnico o especialista, deben saber que el único camino hacia un real

Mantenimiento Preventivo Total, es la Gestión del Mantenimiento a través de una real organización, estructuración, distribución de las tareas y un planning que determine los tiempos y los momentos a realizar la prevención de los equipos.

Conclusión

Considerar primordialmente la Gestión como eje principal del Mantenimiento Preventivo Total, mediante la organización y la función de un gabinete técnico para su aplicación; teniendo en cuenta los recursos humanos con que se cuenta, la capacitación, conocimiento, preparación, experiencia de los mismos, como así también la difusión -dentro del personal técnico-, de las tecnologías y de los sistemas automatizados habidos y por haber, y la actualización-capacitación permanente del personal inmerso en el mantenimiento.

Observar los cambios que se producen dentro del sector donde se realiza el MTP, (agregados de equipos, instalaciones y movimientos de personal o sectores de trabajo) para modificar, en caso necesario, el Planning de tareas diarias.

Finalmente, conocer, difundir y aplicar todas las normativas y procedimientos que afecten al mantenimiento, a la seguridad para la realización del mismo, al personal que lo realiza; sean de nivel contractual, de convenio, leyes laborales, normativas nacionales e internacionales, etc., fundamentalmente de seguridad laboral; y sobretodo las normas de convivencia y respeto entre el personal afectado al mantenimiento, para un mayor y mejor desempeño en las funciones a desarrollar.

Este artículo fue realizado por el autor para la revista Técnica i Práctica, órgano oficial de difusión de la Asociación de Maestros Industriales y Técnicos Superiores (AMITS).

Mantenimiento. Definición

Se usa la palabra mantenimiento para definir las operaciones necesarias que aseguren el correcto funcionamiento de la maquinaria y el edificio.

El mantenimiento puede ser preventivo o correctivo
Se entiende por mantenimiento preventivo, aquel que se dedica a prevenir los fallos en el funcionamiento, llevando a cabo las operaciones recomendadas por el fabricante de engrases, recambios de piezas en el tiempo previsto y controles de inspección programados.

Mantenimiento correctivo es el que se lleva a cabo en el momento que se produce un fallo. Este mantenimiento se caracteriza por producirse en momentos inesperados, y cuya solución suele ser costosa y requerir una segunda actuación del personal dedicado a esta tarea.
Un mantenimiento preventivo no descarta el mantenimiento correctivo, pero si lo reduce muy notablemente.
El mantenimiento debe de contemplar ambos sistemas, recibiendo el nombre de mantenimiento global o total que contempla las dos posibilidades de actuación por parte del personal de mantenimiento.

El personal de mantenimiento debe estar formado para dominar varias técnicas, que corresponden a oficios diferentes, el personal de mantenimiento realiza labores de mecánica, electricidad, fontanería climatización y albañilería. Por cubrir todas estas necesidades reciben un jornal superior pero también suelen tener un horario muy variable, ya que si bien tienen una labor programada, también tiene que acudir a las interrupciones imprevistas y solucionarlas con la máxima rapidez.

Organigrama del mantenimiento

El mantenimiento tiene por exigencia que no se interrumpa la producción por ninguna causa. Dos formas hay para organizar el mantenimiento, el preventivo, cuya misión es adelantarse al fallo por desgaste natural, haciendo inspecciones, sustituyendo a tiempo las piezas, es decir evitar las avería.

Si a pesar del mantenimiento preventivo surge un fallo imprevisto, el mantenimiento correctivo debe actuar rápidamente para repararlo.

Después de cada actuación de mantenimiento debe de analizarse si el fallo ha sido por una causa normal o imprevista. También se ha de calcular lo que el paro ha afectado a la producción y los gastos que este fallo ha originado, como pago de jornales al personal que se ve afectado del paro y del que actúa en la reparación.

Figura 1 ORGANIGRAMA DEL SERVICIO DE MANTENIMIENTO

De este análisis debe de surgir unas conclusiones y si hay motivo para ellos unas propuestas de mejoras, compras de repuestos, herramientas o reformas en el mantenimiento. Anualmente el ingeniero encargado del mantenimiento con los informes recabados del personal de mantenimiento elaborará unas previsiones que entregará al director de la fábrica. Un buen mantenimiento es aquel que no tiene parada en la producción. Este objetivo exige una constante vigilancia y una búsqueda incansable en mejorarlo.

Organigrama en función de la empresa

Por el hecho de ser el mantenimiento una función dentro de la empresa, significa que tiene tanta importancia como cualquier otra función de la empresa, pero convine distinguir entre el organigrama dentro de la empresa y el organigrama interno del servicio de mantenimiento.

Dependiendo de la importancia de la empresa puede ser diferente, pasando a depender directamente de la dirección, en empresas de menor volumen.

Organigrama general de la producción

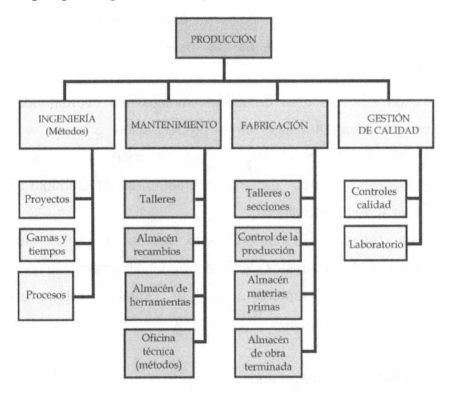

Dentro de la industria que se ha tomado como ejemplo, la producción se divide a su vez en cuatro departamentos.
En aquellas empresas en que el servicio de mantenimiento no está integrado en la producción, los rendimientos son siempre inferiores, creándose prioridades distintas a las

realmente necesarias por no existir un entendimiento estrecho entre Producción y Mantenimiento.

Organización interna del mantenimiento

Dependiendo del tamaño de la empresa puede existir un solo taller, con personal especializado en varios oficios, o diversos talleres con especialistas en un solo oficio por taller.

Todos estos talleres de mantenimiento son coordinados por una oficina técnica, cuya preocupación principal es la eliminación de fallos en la producción, y lo hace elaborando planes de mantenimiento, supervisándolo y analizando los resultados.

Para realizar el mantenimiento pronto y rápido, el almacén de repuestos debe depender directamente del servicio de mantenimiento, al igual que todo el herramental especial.

Mantenimiento contratado

Hoy día se está extendiendo el mantenimiento contratado, si bien la opinión general entre los responsables de fabricación y mantenimiento es que la gestión de los sistemas de producción debe realizarse por personal de la propia empresa, con el fin de aprovechar la maestría adquirida, sin que se excluya del todo la necesidad de este tipo de intervención.

El servicio de mantenimiento contratado se realiza en dos vertientes: Visitas periódicas, programadas y acordadas ante previsiones de los constructores con presencia permanente del personal especialista contratado, altamente cualificado en tecnología punta.

Confección de informes de mantenimiento

Los informes se generan tras una intervención de mantenimiento correctivo, en el que analiza:

- *El motivo del fallo.*
- *Los antecedentes, si no es la primera vez que sucede y tiempo transcurrido.*

- *La prevención de que pueda repetirse y tiempo que se calcula.*
- *El volumen de la perturbación producida.*
- *Tiempo tardado.*
- Forma de acortar este tiempo en próximas actuación
- Propuesta para impedir que se repita la interrupción de la cadena de producción.
- En su caso, propuesta de reforma en la maquinaria.
- Todo informe ha de ser estudiado con detenimiento por el gabinete de planificación del servicio de mantenimiento, antes de ser elevado a un nivel de responsabilidad mayor.

Hojas de partes de averías

No todas las actuaciones del servicio correctivo de mantenimiento, tienen su origen en una orden del servicio preventivo, con mucha frecuencia está motivada por una solicitud del usuario de la máquina, de primer nivel, o de un jefe de sección, estas órdenes pueden hacerse por llamada de teléfono al encargado de mantenimiento si es urgente y requiere una intervención inmediata.

Cuando no es tan urgente se solicita dando aviso mediante impreso establecido donde se especifica lo que se solicita y el motivo, señalando si es preciso el lugar geográfico de actuación y el nombre de la persona que lo solicita, a fin de que se le pueda preguntar, caso de necesitarse aclaración.

RAZÓN SOCIAL		PARTE DE AVERÍAS		Nº	
FABRICACIÓN	DE ———————— LÍNEA ———————— A MANTENIMIENTO			Máquina	
	Tipo de avería			Marca	
	Código de urgencia			Código	
MANTENIMIENTO	INFORME REPARACIÓN				
	EMISIÓN	RECEPCIÓN	REPARACIÓN	OBSERVACIONES	IMPUTACIÓN
	Fecha	Fecha	Fecha		
	Hora	Hora	Hora		
	Firma	Firma	Firmas		

▲ Anverso

Reverso ▼

		COSTE DE LA REPARACIÓN				IMPUTACIÓN	
Nº DE OPERARIO	DÍA	Categoría	Tiempo	Euros M.O.	Materiales		Euros
Total horas Mano de Obra		Total materiales		Autorización		Total reparación	

La solicitud da origen a una orden de actuación llamada orden de reparación, en algunas empresas, la orden de reparación es el mismo parte de avería, que se le añade el nombre de la persona que se le ordena proceder a la reparación, y finalmente, cuando ha sido efectuada la reparación, el solicitante firma la conformidad o disiente del trabajo efectuado.

Orden de reparación

Difiere del parte de avería, en que la solicitud parte de una persona ajena al taller, y en que la descripción del trabajo a realizar no suele ser muy concreta.

El jefe del taller da la orden al operario que considera más oportuno y este se desplaza para realizar el trabajo, llevando consigo un pequeño lote de repuestos, de lo que considere necesario, así como herramientas de mano varias, pensando siempre que tiene que ser algo relacionado con lo que le han dicho, pero con la experiencia de que puede ser algo parecido, y no exactamente lo que se le ha dicho.

ORDEN DE TRABAJO

| Nº EMPRESA | Nº SERVICIO | Nº POLIZA/CONTRATO |

ACTIVIDAD

Asegurado/Cliente   Teléfono contacto 1   Teléfono contacto 2

Domicilio   Población

Descripción del servicio

Trabajos realizados:

CONFORME TRABAJO REALIZADO

FECHA DE SERVICIO   Hora de comienzo   Hora de finalizado

Nuestro interés es prestarle un servicio de calidad, si no estuviese satisfecho con el trabajo realizado o encontrase diferencias con lo descrito en este parte de trabajo, rogamos lo comunique a nuestro teléfono de asistencia

902 _ _ _   _ _ _

Por lo general, esta solicitud de trabajo se realiza por teléfono y se requiere prontitud de respuesta.

Las ordenes de reparación de archivan, hasta que sean inscritos en el libro particular de la máquina, y si se hacen modificaciones se anotarán estas y se archivarán los planos en la carpeta de modificaciones.

Historial de averías

De una máquina o maquinaria de una cadena de producción, interesa saber cuántas horas queda fuera de servicio y cuánto cuesta, mantenerla en funcionamiento a fin de valorar la eficacia y la conveniencia o no de renovación por otra más eficaz.

Se resume en una ficha los datos técnicos y económicos de las diferentes intervenciones realizadas para reparar averías de cada equipo o máquina que intervienen en el ciclo de producción. En la oficina técnica de mantenimiento se abrirá un fichero que contendrá una ficha por cada máquina, sobre la cual se irán recogiendo los datos de los diferentes partes de averías.

Razón Social	HISTORIAL DE AVERÍAS		ÓRGANOS PRINCIPALES	A B C D E	F G H I	Máquina Marca Código					
Fecha	Localización de avería A B C D E F G H I	Nº del Parte de avería	Trabajos realizados	Horas de parada máquina	Hombres - horas				Importe M.O. Euros	Importe Materiales	Total en Euros
					Mecánica	Electricidad	Obras	Totales			

LISTA BASE DE RECAMBIOS			Máquina Marca Código	Grupo de máquinas similares (Matrícula)				
Nº de plano	Referencia comercial	Denominación	Proveedor	Nº de plano	Referencia comercial	Denominación		Proveedor

En la ficha de historial los datos que interesa conocer son:

- *Fecha y número del parte de avería.*
- *Órgano donde estuvo localizada la avería.*
- *Detalle de los trabajos realizados.*

- *Horas de parada de la máquina o del conjunto.*
- *Horas de intervención.*
- *Importe de la mano de obra empleada*
- *Importe de los materiales y recambios empleados.*
- *Importe total de la reparación.*

Cada seis meses, se realizarán resúmenes para informar al jefe de producción de los costos; que irán resumidos de forma estadística, y acompañado de una copia del historial, para mayor información.

Mantenimiento y seguridad industrial

Introducción

El mantenimiento no es una función "miscelánea", produce un bien real, que puede resumirse en: capacidad de producir con calidad, seguridad y rentabilidad.

Para nadie es un secreto la exigencia que plantea una economía globalizada, mercados altamente competitivos y un entorno variable donde la velocidad de cambio sobrepasa en mucho nuestra capacidad de respuesta. En este panorama estamos inmersos y vale la pena considerar algunas posibilidades que siempre han estado pero ahora cobran mayor relevancia.

Particularmente, la imperativa necesidad de redimensionar la empresa implica para el mantenimiento, los retos y las oportunidades que merecen ser valorados.

Debido a que el ingreso siempre provino de la venta de un producto o servicio, esta visión primaria llevó la empresa a centrar sus esfuerzos de mejora, y con ello los recursos, en la función de producción. El mantenimiento fue "un problema" que surgió al querer producir continuamente, de ahí que fue visto como un mal necesario, una función subordinada a la producción cuya finalidad era reparar desperfectos en forma rápida y barata.

Sin embargo, sabemos que la curva de mejoras increméntales después de un largo período es difícilmente sensible, a esto se una la filosofía de calidad total, y todas las tendencias que trajo consigo que evidencian sino que requiere la integración del compromiso y esfuerzo de todas sus unidades. Esta realidad ha volcado la atención sobre un área relegada: el mantenimiento. Ahora bien, ¿cuál es la participación del mantenimiento en el éxito o fracaso de una empresa? Por estudios comprobados se sabe que incide en:

- *Costos de producción.*
- *Calidad del producto servicio.*
- *Capacidad operacional (aspecto relevante dado el ligamen entre competitividad y por citar solo un ejemplo, el cumplimiento de plazos de entrega).*
- *Capacidad de respuesta de la empresa como un ente organizado e integrado: por ejemplo, al generar e implantar soluciones innovadoras y manejar oportuna y eficazmente situaciones de cambio.*
- *Seguridad e higiene industrial, y muy ligado a esto.*
- *Calidad de vida de los colaboradores de la empresa.*
- *Imagen y seguridad ambiental de la compañía.*

Como se desprende de argumentos de tal peso: El mantenimiento no es una función "miscelánea", produce un bien real, que puede resumirse en: capacidad de producir con calidad, seguridad y rentabilidad. Ahora bien, ¿Dónde y cómo empezar a potenciar a nuestro favor estas oportunidades? Quizá aquí pueda encontrar algunas pautas.

Mantenimiento

La labor del departamento de mantenimiento, está relacionada muy estrechamente en la prevención de accidentes y lesiones en el trabajador ya que tiene la responsabilidad de mantener en buenas condiciones, la maquinaria y herramienta, equipo de trabajo, lo cual permite un mejor desenvolvimiento y seguridad evitando en parte riesgos en el área laboral.

Características del personal de Mantenimiento

El personal que labora en el departamento de mantenimiento, se ha formado una imagen, como una persona tosca, uniforme sucio, lleno de grasa, mal hablado, lo cual ha traído como consecuencia problemas en la comunicación entre las áreas operativas y este departamento y un más concepto de la imagen generando poca confianza.

Breve Historia de la Organización del Mantenimiento

La necesidad de organizar adecuadamente el servicio de mantenimiento con la introducción de programas de mantenimiento preventivo y el control del mantenimiento correctivo hace ya varias décadas en base, fundamentalmente, al objetivo de optimizar la disponibilidad de los equipos productores.

Posteriormente, la necesidad de minimizar los costos propios de mantenimiento acentúa esta necesidad de organización mediante la introducción de controles adecuados de costos.

Más recientemente, la exigencia a que la industria está sometida de optimizar todos sus aspectos, tanto de costos, como de calidad, como de cambio rápido de producto, conduce a la necesidad de analizar de forma sistemática las mejoras que pueden ser introducidas en la gestión, tanto técnica como económica del mantenimiento. Es la filosofía de la terotecnología. Todo ello ha llevado a la necesidad de manejar desde el mantenimiento una gran cantidad de información.

El diseño e implementación de cualquier sistema organizativo y su posterior informatización debe siempre tener presente que está al servicio de unos determinados objetivos. Cualquier sofisticación del sistema debe ser contemplada con gran prudencia en evitar, precisamente, de que se enmascaren dichos objetivos o se dificulte su consecución.

En el caso del mantenimiento su organización e información debe estar encaminada a la permanente consecución de los siguientes objetivos.

- *Optimización de la disponibilidad del equipo productivo.*
- *Disminución de los costos de mantenimiento.*
- *Optimización de los recursos humanos.*
- *Maximización de la vida de la máquina.*

Criterios de la Gestión del Mantenimiento

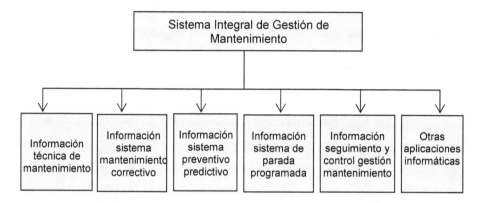

Mantenimiento

Es un servicio que agrupa una serie de actividades cuya ejecución permite alcanzar un mayor grado de confiabilidad en los equipos, máquinas, construcciones civiles, instalaciones.

Objetivos del Mantenimiento

- *Evitar, reducir, y en su caso, reparar, las fallas sobre los bienes precitados.*
- *Disminuir la gravedad de las fallas que no se lleguen a evitar.*
- *Evitar detenciones inútiles o para de máquinas.*
- *Evitar accidentes.*
- *Evitar incidentes y aumentar la seguridad para las personas.*

- *Conservar los bienes productivos en condiciones seguras y preestablecidas de operación.*
- *Balancear el costo de mantenimiento con el correspondiente al lucro cesante.*
- *Alcanzar o prolongar la vida útil de los bienes.*

El mantenimiento adecuado, tiende a prolongar la vida útil de los bienes, a obtener un rendimiento aceptable de los mismos durante más tiempo y a reducir el número de fallas. Decimos que algo falla cuando deja de brindarnos el servicio que debía darnos o cuando aparecen efectos indeseables, según las especificaciones de diseño con las que fue construido o instalado el bien en cuestión.

Clasificación de las Fallas

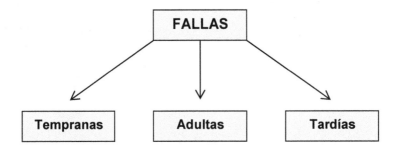

Fallas Tempranas

Ocurren al principio de la vida útil y constituyen un porcentaje pequeño del total de fallas. Pueden ser causadas por problemas de materiales, de diseño o de montaje.

Fallas adultas

Son las fallas que presentan mayor frecuencia durante la vida útil. Son derivadas de las condiciones de operación y se presentan más lentamente que las anteriores (suciedad en un filtro de aire, cambios de rodamientos de una máquina, etc.).

Fallas tardías

Representan una pequeña fracción de las fallas totales, aparecen en forma lenta y ocurren en la etapa final de la vida del bien (envejecimiento de la aislación de un pequeño motor eléctrico, perdida de flujo luminoso de una lampara, etc.

Tipos de Mantenimiento

Mantenimiento para Usuario

En este tipo de mantenimiento se responsabiliza del primer nivel de mantenimiento a los propios operarios de máquinas.

Es trabajo del departamento de mantenimiento delimitar hasta donde se debe formar y orientar al personal, para que las intervenciones efectuadas por ellos sean eficaces.

Mantenimiento correctivo

Es aquel que se ocupa de la reparacion una vez se ha producido el fallo y el paro súbito de la máquina o instalación.

Dentro de este tipo de mantenimiento podríamos contemplar dos tipos de enfoques:

Mantenimiento paliativo o de campo (de arreglo)

Este se encarga de la reposición del funcionamiento, aunque no quede eliminada la fuente que provoco la falla.

Mantenimiento curativo (de reparación)

Este se encarga de la reparación propiamente pero eliminando las causas que han producido la falla.

Suelen tener un almacén de recambio, sin control, de algunas cosas hay demasiado y de otras quizás de más influencia no hay piezas, por lo tanto es caro y con un alto riesgo de falla.

Mientras se prioriza la reparación sobre la gestión, no se puede prever, analizar, planificar, controlar, rebajar costos.

Conclusiones

La principal función de una gestión adecuada del mantenimiento consiste en rebajar el correctivo hasta el nivel óptimo de rentabilidad para la empresa.

El correctivo no se puede eliminar en su totalidad por lo tanto una gestión correcta extraerá conclusiones de cada parada e intentará realizar la reparacion de manera definitiva ya sea en el mismo momento o programado un paro, para que esa falla no se repita.

Es importante tener en cuenta en el análisis de la política de mantenimiento a implementar, que en algunas máquinas o instalaciones el correctivo será el sistema más rentable.

Historia

A finales del siglo XVIII y comienzo del siglo XIXI durante la revolución industrial, con las primeras máquinas se iniciaron los trabajos de reparacion, el inicio de los conceptos de competitividad de costos, planteo en las grandes empresas, las primeras preocupaciones hacia las fallas o paro que se producían en la producción. Hacia los años 20 ya aparecen las primeras estadisticas sobre tasas de falla en motores y equipos de aviacion.

Ventajas
- Si el equipo esta preparado la intervención en el fallo es rápida y la reposición en la mayoría de los casos será con el mínimo tiempo.
- No se necesita una infraestructura excesiva, un grupo de operarios competentes será suficiente, por lo tanto el costo de mano de obra será mínimo, será más prioritaria la experiencia y la pericia de los operarios, que la capacidad de análisis o de estudio del tipo de problema que se produzca.
- Es rentable en equipos que no intervienen de manera instantanea en la producción, donde la

implantacion de otro sistema resultaría poco económico.

Desventajas
- Se producen paradas y daños imprevisibles en la produccion que afectan a la planifiacion de manera incontrolada.
- Se cuele producir una baja calidad en las reparaciones debido a la rapidez en la intervención, y a la prioridad de reponer antes que reparar definitivamente, por lo que produce un hábito a trabajar defectuosamente, sensación de insatisfacción e impotencia, ya que este tipo de intervenciones a menudo generan otras al cabo del tiempo por mala reparación por lo tanto será muy difícil romper con esta inercia.

Mantenimiento Preventivo
Este tipo de mantenimiento surge de la necesidad de rebajar el correctivo y todo lo que representa. Pretende reducir la reparación mediante una rutina de inspecciones periodicas y la renovación de los elementos dañados, si la segunda y tercera no se realizan, la tercera es inevitable.

Durante la segunda guerra mundial, el mantenimiento tiene un desarrollo importante debido a las aplicaciones militares, en esta evolución el mantenimiento preventivo consiste en la inspección de los aviones antes de cada vuelo y en el cambio de algunos componentes en función del número de horas de funcionamiento.

Características

Basicamente consiste en programar revisiones de los equipos, apoyandose en el conocimiento de la máquina en base a la experiencia y los históricos obtenidos de las mismas. Se confecciona un plan de mantenimiento para cada máquina, donde se realizaran las acciones necesarias, engrasan, cambian correas, desmontaje, limpieza, etc.

Ventajas

- Se se hace correctamente, exige un conocimiento de las máquinas y un tratamiento de los históricos que ayudará en gran medida a controlar la maquinaria e instalaciones.
- El cuidado periódico conlleva un estudio óptimo de conservación con la que es indispensable una

aplicación eficaz para contribuir a un correcto sistema de calidad y a la mejora de los contínuos.
- Reducción del correctivo representará una reducción de costos de producción y un aumento de la disponibilidad, esto posibilita una planificación de los trabajos del departamento de mantenimiento, así como una previsión de l.los recambios o medios necesarios.
- Se concreta de mutuo acuerdo el mejor momento para realizar el paro de las instalaciones con producción.

Desventajes

- Representa una inversión inicial en infraestructura y mano de obra. El desarrollo de planes de mantenimiento se debe realizar por tecnicos especializados.
- Si no se hace un correcto análisis del nivel de mantenimiento preventiventivo, se puede sobrecargar el costo de mantenimiento sin mejoras sustanciales en la disponibilidad.
- Los trabajos rutinarios cuando se prolongan en el tiempo produce falta de motivación en el personal, por lo que se deberan crear sitemas imaginativos

para convertir un trabajo repetitivo en un trabajo que genere satisfacción y compromiso, la implicación de los operarios de preventivo es indispensable para el éxito del plan.

Mantenimiento Predictivo

Este tipo de mantenimiento se basa en predecir la falla antes de que esta se produzca. Se trata de conseguir adelantarse a la falla o al momento en que el equipo o elemento deja de trabajar en sus condiciones óptimas. Para conseguir esto se utilizan herramientas y técnicas de monitores de parametros físicos.

Durante los años 60 se inician técnicas de verificación mecánica a través del análisis de vibraciones y ruidos si los primeros equipos analizadores de espectro de vibraciones mediante la FFT (Transformada rápida de Fouries), fuerón creados por Bruel Kjaer.

Ventajas

- La intervención en el equipo o cambio de un elemento.
- Nos obliga a dominar el proceso y a tener unos datos técnicos, que nos comprometerá con un método cientifico de trabajo riguroso y objetivo.

Desventajas

- La implantancion de un sistema de este tipo requiere una inversion inicial imoprtante, los equipos y los analizadores de vibraciones tienen un costo elevado. De la misma manera se debe destinar un personal a realizar la lectura periodica de datos.
- Se debe tener un personal que sea capaz de interpretar los datos que generan los equipos y tomar conclusiones en base a ellos, trabajo que requiere un conocimiento técnico elevado de la aplicación.
- Por todo ello la implantación de este sistema se justifica en máquina o instalaciones donde los paros intempestivos ocacionan grandes pérdidas, donde las paradas innecesarias ocacionen grandes costos.

Mantenimiento Productivo Total (T.P.M.)

Mantenimiento productivo total es la traducción de TPM (Total Productive Maintenance). El TPM es el sistema Japonés de mantenimiento industrial la letra M representa acciones de MANAGEMENT y Mantenimiento. Es un enfoque de realizar actividades de dirección y transformación de empresa. La letra P está vinculada a la palabra "Productivo" o "Productividad" de equipos pero hemos considerado que se puede asociar a un término con una visión más amplia como "Perfeccionamiento" la letra T de la palabra "Total" se interpresta como "Todas las actividades que realizan todas las personas que trabajan en la empresa"

Definición

Es un sistema de organización donde la responsabilidad no recae sólo en el departamento de mantenimiento sino en toda la estructura de la empresa "El buen funcionamiento de las máquinas o instalaciones depende y es responsabilidad de todos".

Objetivos

El sistema está orientado a lograr:
- Cero accidentes.
- Cero defectos.
- Cero fallas.

Este sistema nace en Japón, fue desarrollado por primera vez en 1969 en la empresa japonesa Nippondenso del grupo Toyota y de extiende por Japón durante los 70, se inicia su implementación fuera de Japón a partir de los 80.

Ventajas

- Al integrar a toda la organización en los trabajos de mantenimiento se consigue un resultado final más enriquecido y participativo.
- El concepto está unido con la idea de calidad total y mejora continua.

Desventajas

- Se requiere un cambio de cultura general, para que tenga éxito este cambio, no puede ser introducido por imposición, requiere el convencimiento por parte de todos los componentes de la organización de que es un beneficio para todos.
- La inversión en formación y cambios generales en la organización es costosa. El proceso de implementación requiere de varios años.

Conceptos Generales de Solución de Problemas

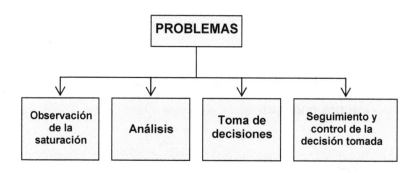

Método Implementación Gestión Mantenimiento

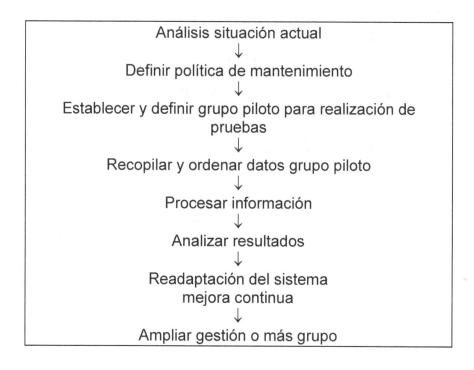

Organigrama del Departamento de Mantenimiento

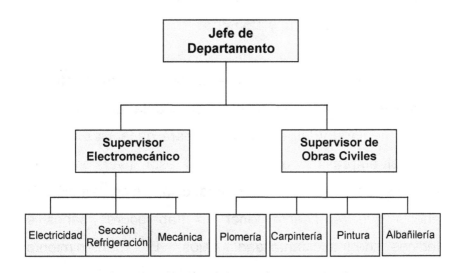

Gerencia de Infraestructura y Mantenimiento

Se encarga de llevar el control sistemático de todas las operaciones realizadas por el personal directo del departamento encargado del funcionamiento a cabalidad del Hospital Central de Maracay.

Mantenimiento de infraestructura

Este departamento tiene como finalidad primordial supervisar, coordinar y cumplir a cabalidad con todas las necesidades que se presenten en el Hospital Central existe actualmente ciertas áreas fundamentales para realizar todas las actividades que junto al personal y al jefe de mantenimiento ejecutan un buen trabajo, las áreas son: Pintura, mecánica, herrería, carpintería, refrigeración, electricidad, albañilería y plomería.

El mantenimiento de equipos, infraestructuras, herramientas, maquinaria, etc. representa una inversión que a mediano y largo plazo acarreará ganancias no sólo para el empresario quien a quien esta inversión se le revertirá en mejoras en su producción, sino también el ahorro que representa tener un trabajadores sanos e índices de accidentalidad bajos. El mantenimiento representa un arma importante en seguridad laboral, ya que un gran porcentaje de accidentes son causados por desperfectos en los equipos que pueden ser prevenidos. También el mantener las áreas y ambientes de trabajo con adecuado orden, limpieza, iluminación, etc. es parte del mantenimiento preventivo de los sitios de trabajo. El mantenimiento no solo debe ser realizado por el departamento encargado de esto. El trabajador debe ser concientizado a mantener en buenas condiciones los equipos, herramienta, maquinarias, esto permitirá mayor responsabilidad del trabajador y prevención de accidentes.

Síntesis del mantenimiento Industrial

La idea de esta publicación es poder transmitir el concepto y la esencia de lo que significa el mantenimiento, aplicado en este caso a la industria. Pero esta misma puede aplicarse con las variantes necesarias a cada caso a cualquier cosa, conjunto, complejos de todo tipo, como ser edificios, parques de diversiones, y todo aquello que posea objetos o cosas sujetas a desgaste y que sea factible, ver, medir, observar, inspeccionar, predecir, tal deterioro, con el único fin de que la función para la cual fue desarrollado o creado la pueda seguir cumpliendo satisfactoriamente a lo largo de todo su vida útil.

Ahora bien, sin darnos cuenta fuimos nombrando elementos y conceptos que quizás pasaron desapercibidos a primera vista, pero que en sí encierran cada uno cierto contenido desde el punto de vista del mantenimiento que merecerá un apartado o tal vez un párrafo en particular para poder ir explicándolos uno a uno. Algunos de los mencionados son:

- *Inspeccionar*
- *Vida útil*
- *Medir*
- *Desgaste*

Pero lo más importante que aparece como novedoso más allá de todos estos conceptos que desde ya explicaremos y ampliaremos junto con otros también esenciales, es el uso del ordenador, computadora personal, o notebook, para la administración del mantenimiento, base fundamental de todo mantenimiento organizado. Junto con la PC, el software necesario, ya sea uno enlatado, o bien, hecho a la medida por uno mismo, como particularmente prefiero, con algunos conocimientos previos de base de datos Access. Pero además debemos agregar el ingrediente fundamental que es el personal Técnico, Ingeniero, o bien la Persona Experimentada, que llevará el proyecto adelante, que deberá contar con el perfil adecuado para tal fin. Perseverancia, disciplina, receptividad, resolutivo, convincente, humildad, entre otras cualidades, son la base para poder llevar adelante un proyecto de mantenimiento, mantenible en el tiempo, valga la redundancia.

Puesta a cero

No se puede mantener lo inmantenible, o sea aquello que por el grado de deterioro, por haber llegado al fin de su vida útil, o por la explotación indiscriminada sin un mínimo de mantenimiento, o por fallas reiteradas por el mal diseño del objeto a mantener, o bien por una mala práctica del sistema de mantenimiento, nos consume todos los recursos y esfuerzos disponibles en reparar lo que continuamente se deteriora. O sea nos obliga a aplicar el mantenimiento de bombero, también llamado como bomberismo en nuestra jerga.

Lo que debemos hacer es detener este círculo vicioso de rotura y reparación y aplicar la inversión necesaria para restablecer las condiciones lo más cercanas a las iniciales del equipo, en lo que a su prestación se refiere, que tenía cuando era nuevo.

Este paso debemos darlo indefectiblemente, para luego si poder mantener dichas condiciones reestablecidas, aplicando los conceptos modernos del mantenimiento organizado y eficaz, y dejar de lado el bomberismo, práctica ésta que generalmente era encarnada por algún caudillo del cuál dependía toda la empresa o complejo cuando ocurría el evento desgraciado que lo hacía reivindicarse como el salvador indispensable, para luego desvanecerse hasta la próxima desgracia.

Será necesario para este paso contar con algunos elementos indispensables para el análisis:

- Datos del fabricante del objeto y si hubo mejoras en series posteriores.
- Manuales
- Planos
- Estándares de tasa de fabricación o servicio
- Experiencia acumulada ya sea escrita o bien transmitida oralmente por el personal usuario del objeto.
- Sugerencias de mejoras aportadas por los mismos, anotadas y estudiadas detenidamente.
- Lo más importante luego, es evaluar el gasto que esta restauración significa para luego contar con el capital a invertir.
- Finalmente restará por convencer al encargado de poner el capital del beneficio técnico-económico que esta inversión producirá.

Beneficio técnico, dado que el objeto reestablecido brindará los beneficios que inicialmente contaba cuando era nuevo, ya sea en calidad por estar dentro de las tolerancias de calidad, estándares de producción, o ya sea por las prestaciones reestablecidas y que había perdido a causa de su deterioro.

Y beneficio económico ya que el mantener el equipo restaurado será de menor costo que el correspondiente a sus reparaciones continuas más el lucro cesante por su falta de servicio cuando se detiene éste arbitrariamente cuando él decide, sin previo aviso y lo más probable en el momento menos oportuno.

Esto podría verse en el gráfico siguiente:

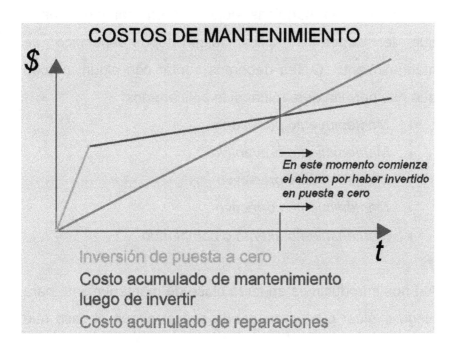

Como puede apreciarse en el gráfico adjunto, por el hecho de haber invertido en restaurar el equipo, al cabo de un tiempo que se puede y debe calcular, comienza a producirse un ahorro neto, ya que el gasto sobre mantenimiento, va a ser en concepto de mantener lo ahora sí mantenible, y no de reparaciones costosas que llevan incluido un lucro cesante.

Evaluación

Cuando hablamos de este concepto, evaluación, el mismo se refiere a que maquinas, objetos, o equipamientos es al que le vamos a aplicar algún tipo específico de mantenimiento. O sea debemos contar con algún método que nos permita determinar si le aplicaremos:

- *Mantenimiento por avería*
- *Mantenimiento preventivo*
- *Mantenimiento predictivo*
- *Mantenimiento correctivo*
- *Mantenimiento alterno o combinado*

Así nos introducimos en cada clase de mantenimiento para luego evaluar cual corresponde aplicar según el caso que se trate.

Mantenimiento por avería

Consiste en intervenir con una acción de reparación cuando el fallo o avería se ha producido, restituyéndose la capacidad de trabajo o prestación original.

Aspectos positivos:

- Máxima aprovechamiento de la **vida útil** de los elementos.
- No hay necesidad de detener máquinas con ninguna frecuencia prevista.
- Ni velar por el cumplimiento de acciones programadas.

Aspectos negativos:

- Ocurrencia aleatoria del fallo y la parada correspondiente en momentos indeseados.
- Menor durabilidad de las máquinas.
- Menor disponibilidad de las máquinas (paradas por roturas de mayor duración).
- Ocurrencia de fallos catastróficos que pueden afectar la seguridad y el medio ambiente.

Este sistema fue el empleado hasta mediados del siglo XX.

Avería

Es importante definir la avería en un concepto más amplio que una simple rotura. La misma la definimos como " Cualquier hecho que se produzca en la instalación, y que tenga como consecuencia un descenso en el nivel productivo, en la calidad del producto, en la seguridad, o bien que aumente la degradación del medio ambiente."

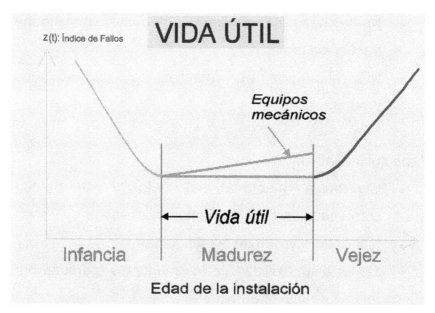

Si estudiamos la función índice de fallo de un equipo, obtenemos la "Curva de Davies", más conocido como "bañera".

En este tipo de curva observamos tres zonas bien diferenciadas:

- La primera se caracteriza por un índice de fallo decreciente y se denomina *mortalidad infantil*. El número de equipos que fallarán en un instante próximo en relación a los que quedan con vida es cada vez menor. Este tipo de avería son debido a:
    1. *Defectos de fabricación*
    2. *Defectos de materiales no controlados por las inspecciones de calidad*
    3. *Mal montaje*
    4. *Mal ajuste inicial.*
- La segunda zona se caracteriza por un índice de fallo constante, se denomina *vida útil del equipo o madurez*. Las averías que se producen en este intervalo suelen ser aleatorias y las causas que la originan son:
    1. *Sobre cargas*
    2. *Mal empleo de la instalación*
    3. *Variaciones de las condiciones de trabajo del equipo*
- La tercer zona denominada de *envejecimiento* y desgaste, donde el índice de fallo pasa a ser creciente, y son debido a:
    1. *Los desgastes*
    2. *Las degradaciones*

Este tipo de curva será más o menos alargado en el tiempo en función del equipo a que corresponda. Par equipos puramente mecánicos, el desgaste comienza desde la puesta en marcha, por lo que la zona de vida útil tenderá a ser creciente. Los equipos eléctricos presentan una vida útil proporcionalmente más constante y más larga.

Índice de Fallos

Si llamamos *n(t)*, al número de equipos que quedan con vida en el instante *"t"*, el índice de fallo se puede expresar de la siguiente manera:

$$Z(t) = 1/n(t) * dn(t) / dt$$

O sea relaciona la velocidad de fallo dn(t)/dt, con el número de supervivientes en cada instante n(t), que como vemos, tiene una pendiente negativa en la infancia del equipo, lo que demuestra que disminuyen los fallos a medida que se asienta el equipo. Luego tiene una pendiente cero, o ligeramente positiva, según se trate de equipos mecánicos o eléctricos durante la vida útil, y su valor es el más bajo, por ende el número de fallos es el menor en esta etapa de la vida, viene a ser el fondo de la bañera. Y luego toma una pendiente positiva, que llega a tomar un valor que debido al número de roturas se hace antieconómico seguir trabajando con esta máquina o dispositivo.

Mantenimiento preventivo
Consiste en intervenciones periódicas, programadas con el objetivo de disminuir la cantidad de fallos aleatorios. No obstante éstos no se eliminan totalmente. El accionar preventivo, genera nuevos costos, pero se reducen los costos de reparación, las cuales disminuyen en cantidad y complejidad.

Acciones típicas de este sistema son
Limpieza; Ajustes; Reaprietes (Torqueado); Regulaciones; Lubricación; Cambio de elementos utilizando el concepto de vida útil indicada por el fabricante de dicho elemento; Reparaciones propias pero programadas.

Aspectos positivos
- Mayor vida útil de las máquinas.
- Aumenta su eficacia y calidad en el trabajo que realizan.
- Incrementa la disponibilidad.
- Aumenta la seguridad operacional.
- Incrementa el cuidado del medio ambiente.

Aspectos negativos
- Costo del accionar preventivo por plan.
- Problemas que se crean por los continuos desarmes afectando a los sistemas y mecanismos que de no haberse tocado seguirían funcionado sin inconvenientes.
- Limitación de la vida útil de los elementos que se cambiaron con antelación a su estado límite.

Este último punto, es el que por medio del accionar predictivo se soluciona, dado que éste actúa cuando el resultado del diagnóstico así lo indican, y es coincidente con la opinión de la gente experimentada en mantenimiento de que *"es imprudente interferir con la marcha de las máquinas que van bien"*.

El sistema preventivo nació en los inicios del siglo XX, (1910) en la firma FORD en Estados Unidos, se introduce en Europa en 1930, y en Japón en 1952. Sin embargo su desarrollo más fuerte se alcanza después de mediados de siglo, y es el sistema que responde a los requerimientos de esa etapa.

Mantenimiento predictivo

Se trata de un mantenimiento profiláctico, pero no a través de una programación rígida de acciones como en el mantenimiento preventivo. Aquí lo que se programa y cumple con obligación son "**Las inspecciones**", cuyo objetivo es la detección del estado técnico del sistema y la indicación sobre la conveniencia o no de realización de alguna acción correctora. También nos puede indicar el recurso remanente que le queda al sistema para llegar a su estado límite.

Las inspecciones pueden ser de dos tipos:
- Monitoreo discreto, en el cual las inspecciones se realizan con cierta periodicidad, en forma programada
- Monitoreo continuo, se ejerce en forma constante, con aparatos montados sobre las máquinas. Este tiene la ventaja de indicar la ejecución de la acción correctora, lo más cerca posible al fin de su vida útil.

Este sistema es el que mejor garantiza el mejor cumplimiento de las exigencias de mantenimiento de los últimos años dado que se logra:

1. Menores paradas de máquinas, ya sea por programas de paradas preventivas o por roturas aleatorias.
2. Mayor calidad y eficiencia de las máquinas e instalaciones
3. Garantiza la seguridad y la protección del medio ambiente
4. Reduce el tiempo de las acciones de mantenimiento.

Como aspectos negativos se señalan
1. La necesidad de un personal más calificado para las revisiones e investigaciones
2. Elevado costo de los equipos de monitoreo continuo.

Sistema alterno o combinado
No se trata de un sistema nuevo sino de la combinación de cada uno de los anteriores, en la industria, en las instalaciones y hasta en las maquinas en la dosificación que resulte más conveniente desde el punto de vista técnico-económico y de seguridad hacia las personas y el medio ambiente.

Y esa dosificación es justamente lo que me refería a la "la evaluación" (Tabla de parámetros) que nombramos anteriormente y que fue necesario previamente introducir estos conceptos para poder avanzar en forma práctica y con cierto fundamento en lo que vamos a exponer en adelante.

Tabla de parámetros para categorizar máquinas o equipos

TABLA 2. Resultados de la categorización de las máquinas

Criterios	A	B	C
1-Intercambiabilidad		X	
2 -Importancia productiva		X	
3-Régimen de operación	X		
4 -Nivel de utilización	X		
5 -Parámetro principal		X	
6 -Mantenibilidad			X
7 -Conservabilidad			X
8 -Nivel de automatización		X	
9 -Valor de la Máquina			X
10-Factibilidad de aprovisionamiento			X
11-Seguridad operacional		X	
12-Afectación ecológica	X		
13-Diagnosticable		X	
Total	3	6	4

Diseño del mantenimiento

El objetivo del Mantenimiento es conservar todos los bienes que componen los activos de la empresa, en las mejores condiciones de funcionamiento, con un muy buen nivel de confiabilidad, calidad y al menor costo posible.

El Mantenimiento no sólo deberá mantener las máquinas sino también las instalaciones de:

- Iluminación, redes de computación,
- Sistemas de energía eléctrica, aire comprimido, agua, aire acondicionado, calles internas, pisos, depósitos, etc.
- Además deberá coordinar con recursos humanos un plan para la capacitación continua del personal.

Antes de emprender un diseño, y teniendo en cuenta las problemáticas propias de cada situación en la empresa, se hace necesario adoptar una referencia para el desarrollo de un sistema.

El modelo seleccionado como referencia permite analizar, por una parte, las necesidades del usuario y definir una solución óptima integral para el sistema en estudio.

Las soluciones en general deben ser definidas y afinadas mediante un proceso iterativo y deben sustentarse sobre evaluaciones y procesos de verificación.

La elección de las soluciones debe estar basada sobre un conjunto apropiado de parámetros de costo, plazos, rendimientos y evaluación del riesgo.

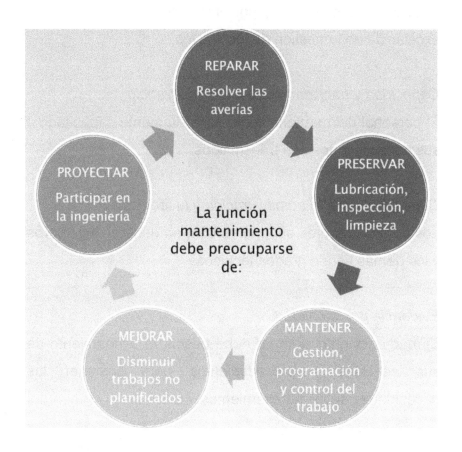

La excelencia es hacer muchas cosas bien
Para alcanzar esa excelencia la organización debe primero comprender todos los elementos requeridos para alcanzar este estatus. En el mantenimiento es fundamental tener las bases fundadas en una estrategia coherente con las metas de la empresa y una política de recursos humanos, control, mejoramiento continuo, y por último direccionarse hacia la excelencia en la gestión de los activos.

Capacidad y habilidad de la fuerza de trabajo
El personal del mantenimiento está altamente capacitado y sus conocimientos son transmitidos.

Competencia en la administración y la técnica
Los administradores superiores son, en general, ingenieros y los demás tienen grados técnicos.

Evidencia por la calidad
El mantenimiento siempre debe buscar el alineamiento de sus servicios y procedimientos para sostener las necesidades de los equipamientos.

Participación de la fuerza de trabajo
Debe desarrollarse una cultura de confianza entre el personal de varios departamentos, trabajadores y administradores.

Mejoramiento continuo de la ingeniería de manufactura
Hay una fuerte atención en la contribución al mejoramiento de la eficiencia global de la tecnología usada en la industria.

Enfoques para mejoramientos incrementales
La función mantenimiento se preocupa en avanzar en la tecnología de la información con el fin de evaluar con datos precisos su desempeño y tener las bases para proponer e implementar acciones correctivas.

Una concepción del mantenimiento es la estructura organizacional mediante la cual las políticas específicas del mantenimiento de las instalaciones son desarrolladas. Es la materialización de la forma de cómo una compañía piensa acerca del rol del mantenimiento como una función operativa. La concepción del mantenimiento es un conjunto de variadas intervenciones de mantenimiento (correctivo, preventivo, etc.) y la estructura general en las cuales esas intervenciones son previstas.

En resumen, es una abstracción del significado de la realidad cuando es comprensible por otros y la cual explica, guía y controla como el proceso de mantenimiento de desarrolla o trabaja.

Tero–Tecnología avanzada
- *Concepción Estratégica de mantenimiento (SMC)*
- *Mantenimiento Centrado en la Confiabilidad (MCC)*
- *Mantenimiento Centrado en el Negocio (BCN)*
- *Mantenimiento Productivo Total (TPM)*
- *Apoyo Logístico Integrado/Análisis del Apoyo Logístico (ILS/LSA)*
- *Mantenimiento con Calidad Total (TQMain)*
- *Mantenimiento Basado en el Riesgo (RBM)*

Las variables, de este caso, y los problemas a resolver tienden a aumentar de forma drástica, entre los cuales están las siguientes:
- *Definición de los tipos de mantenimiento.*
- *Atención conforme a criticidad de cada equipamiento*
- *Cronogramas de parada de los equipamientos.*
- *Definición de la calidad de la mano de obra y su obtención.*
- *Evaluación de los servicios de terceros.*

- *Introducción de nuevas tecnologías.*
- *Decisión sobre la eliminación de equipos y su substitución.*
- *Definición de canales logísticos.*
- *Definición del sistema de información y de administración, etc.*

El aspecto más relevante que debe ser conocido es la madurez del equipo de personas y de la organización, con la finalidad de contar con el apoyo suficiente para evolucionar conforme cambian las condiciones del entorno.

Se puede conceptuar gestión estratégica como un proceso sistemático, planeado, gerenciado, ejecutado e acompañado bajo el liderazgo de la alta administración de la institución, involucrando y comprometiendo todos los gerentes, responsables y personal de la organización.

Es un trabajo en equipo que tiene por finalidad asegurar el crecimiento de su nivel tecnológico y administrativo, la continuidad en su gestión asegurando la eficiencia de sus servicios, vía adecuación continua de su estrategia, de su capacitación y de su estructura, posibilitándole enfrentarse y anticiparse a los cambios observados o previsibles en su ambiente externo.

Hay un amplio acuerdo entre diversos autores de que la ingeniería y la gestión del mantenimiento están recibiendo cada vez más atención, especialmente debido a la necesidad de obtener de los equipamientos, de alto costo, una alta productividad, como también mediante un efectivo mantenimiento influir fuertemente en el diferencial competitivo de su producto.

Pero, la atención que recibe la función mantenimiento es, frecuentemente, producto de una acción aislada sin una adecuada integración entre las varias técnicas empleadas.

La aproximación más frecuente para incrementar la eficiencia de la función mantenimiento es implementar alguna filosofía o técnica de mantenimiento más publicada.

Esto incluye:
- MCC (mantenimiento centrado en la confiabilidad),
- TPM (mantenimiento productivo total),
- MBC (mantenimiento centrado en la condición),
- CMMS (sistemas de administración del mantenimiento computacional), entre otras.

Todas estas técnicas contribuirán, de alguna forma, para el éxito de la organización del mantenimiento.

Pero, la forma casual o improvisada en que ellas son introducidas es una forma segura para no optimizar su aplicación.

La forma correcta para direccionarlas necesidades para la función mantenimiento efectiva dentro de la organización es teniendo una visión holística de la función.

La necesidad de integrar completamente el mantenimiento en el sistema de negocios de la empresa especialmente usando tecnologías de la información y formulando una concepción con bases teóricas comprobadas.

Además si las variadas metodologías, filosofías y técnicas empleadas son propiamente coordinadas e planeadas, el efecto de esta manera es un mejoramiento con buen desempeño de la función mantenimiento.

Las distintas variables de significación que repercuten en el desempeño de los sistemas de la empresa:

- *Fiabilidad.*
- *Disponibilidad.*
- *Mantenibilidad.*
- *Calidad.*
- *Seguridad.*

- *Costo.*
- *Entrega / Plazo.*

La Fiabilidad es la probabilidad de que las instalaciones, máquinas o equipos, se desempeñen satisfactoriamente sin fallar, durante un período determinado, bajo condiciones específicas.

La Disponibilidad es la proporción de tiempo durante la cual un sistema o equipo estuvo en condiciones de ser usado.

La Mantenibilidad, es la probabilidad de que una máquina, equipo o un sistema pueda ser reparado a una condición especificada en un período de tiempo dado, en tanto su mantenimiento sea realizado de acuerdo con ciertas metodologías y recursos determinados con anterioridad.

La Seguridad, está referida a la integridad del personal, instalaciones, equipos, sistemas, máquinas y sin dejar de lado el medio ambiente.

El tiempo de entrega y el cumplimiento de los plazos previstos son variables que tienen también su importancia, y para el mantenimiento, el tiempo es un factor preeminente.

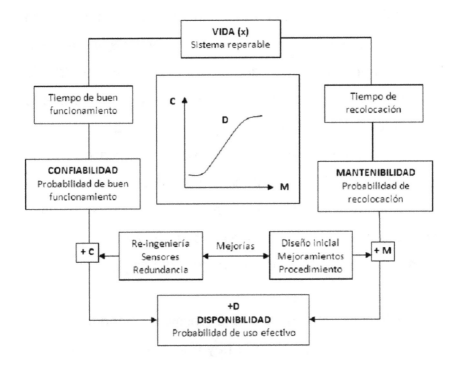

Así, el mantenimiento actúa positivamente en la disminución del costo total (con mayor tiempo de buen funcionamiento y menor tiempo de recolocación) en el mejoramiento del equipamiento (introduciendo mejorías) como también, en la seguridad de las personas y del ambiente, en el proyecto de nuevos productos, entre otros aspectos.

Todo esto impone demandas más altas para que el equipo de mantenimiento también aumente su eficiencia y capacidad. Es un problema de competitividad en todo nivel.

La visión moderna del mantenimiento se centra en la preservación de las funciones de los activos de la empresa, o sea, cumplir las tareas que sirven al propósito central de asegurar que el equipamiento es capaz de hacer lo que le usuario desea, en el momento que él lo espera.

En mantenimiento: es una regla que específica que es lo que hay que hacer específicamente en una situación particular de mantenimiento en vista de obtener el nivel deseado de eficiencia de un equipo productivo.

A la luz de lo anterior, se puede definir la política de mantenimiento.

La política es una regla que especifica, dependiendo del estado de la variable, lo que hay que exactamente en una situación particular, en vista de conseguir un cierto objetivo.

Las políticas se agrupan generalmente en cuatro formas:

1. Intervenciones de mantenimiento correctivo: intervenciones después que la falla ocurra. Ej.: espero que la falla ocurra y entonces remedio la situación tan pronto como sea posible.

2. Intervenciones de mantenimiento preventivo: intervenciones que toman lugar antes que la falla ocurra.

Ej.: ejecutar acciones regulares de mantenimiento, para evitar que modos de fallas den problemas.

3. Intervenciones de mantenimiento predictivo: intervenciones que toman lugar si cierta condición es alcanzada. Ej.: cuando el monitoreo de la condición indique que un "signo vital" alcanzó el umbral de falla potencial se programa la intervención.

4. Intervenciones de mantenimiento detective: se aplica a los aparatos que sólo necesitan trabajar cuando son requeridos y no se sabe cuándo ellos están en falla. Ej.: hacer un chequeo periódico a los detectores de humo.

Las acciones de mantenimiento se refiere a la ejecución del mantenimiento, por ej.: inspecciones, reparación o reemplazo.

<u>Mantenimiento Correctivo</u>
-Mantenimiento basado en la falla

<u>Mantenimiento Preventivo</u>
-Mantenimiento basado en el uso
-Mantenimiento basado en el tiempo
-Ingeniería del mantenimiento

Mantenimiento Predictivo
-Mantenimiento basado en la detección
-Mantenimiento basado en la condición

Mantenimiento Detective
-Mantenimiento basado en la inspección
-Mantenimiento basado en la condición
Acciones: reparación
Acciones: inspección, reparación y reemplazo

Mantenimiento basado en la falla
- Bajo costo si es correctamente aplicado.
Si el mantenimiento no es requerido, no hay costo.
- Las fallas son generalmente inesperadas.
No se requiere de planificaciones avanzadas lo cual es una reducción de costos.
- Recolección de datos. Se pueden usar los mismos datos de otros equipos no críticos.
- Baja probabilidad de mortalidad infantil.

El mantenimiento preventivo trae al equipo al estado tan bueno como nuevo, lo cual a menudo no deseable.
- Riesgo en la seguridad.
A menudo no se tiene cuidado de la falla.

- Grandes pérdidas de producción pueden ocurrir debido a paros sin control.
- La falla de un componente puede provocar daños secundarios en otros.
- Ya que las fallas son inesperadas, se requieren altos stocks de repuestos.
- Para mantener la tasa de producción se requieren redundancias.
- Para ser capaz de reaccionar suficientemente rápido, se necesitan equipos de mantenimiento en stand by.

Ingeniería del mantenimiento (mejoramiento del diseño)
- Un problema siempre recurrente puede ser completamente solucionado.
- La aplicación de ingeniería para el mejoramiento de un componente no significa necesariamente que el mantenimiento ya no es necesario.
- En algunos casos, ajustes de diseños menores pueden ser efectivos y baratos.
- Pérdidas de producción.
La ingeniería de mantenimiento puede tomar periodos considerables de tiempo.
- Grandes proyectos de mejoramiento pueden ser muy caros, y el resultado esperado puede no materializarse.

- Un mejoramiento que no está bien analizado puede dejar afuera la causa raíz del problema.
- Resolver el problema en un área puede sobrecargar y causar un problema en otra área.
- Problemas inesperados.

Casi siempre en proyectos grandes problemas inesperados pueden suceder.

Mantenimiento basado en la detección

- La disponibilidad del equipamiento puede ser maximizada.
- La inspección usando los sentidos humanos es barata.
- Los humanos son versátiles y pueden detectar una amplia variedad de condiciones de falla.
- Reducción de daños secundarios.
- El equipo puede ser desconectado antes que ocurran daños severos.
- Si una falla potencial es detectada, la producción puede ser alterada para extender la vida del elemento.
- El mantenimiento puede ser planificado con anticipación.
- Las inspecciones usando los sentidos humanos, requiere de experiencia. Se requiere un período de tiempo antes de que el operador sea capaz de detectar anormalidades con sus sentidos.

- Subjetivo de cada persona.
- Complejidad. Algunas personas pueden detectar irregularidades, las cuales no son detectadas por otras personas. Esto puede traer problemas cuando se trabaja en equipos coordinados.

Mantenimiento basado en la condición

- Maximiza la confiabilidad del equipo, reduce las pérdidas de producción.
- Las causas de las fallas pueden ser analizadas.
- Si una falla potencial es detectada, la producción puede ser modificada para extender la vida útil del elemento.
- Incrementa la expectativa de vida, elimina el reemplazo prematuro de la máquina y equipos.
- Identificación de equipos con excesivos costos de mantenimiento indicando la necesidad de mantenimiento correctivo, entrenamiento del operador o reemplazo de equipos obsoletos.
- El monitoreo de las vibraciones, la termografía y el análisis del aceite requieren equipos y entrenamientos especializados.
- La compañía debe cuidadosamente elegir la técnica correcta.

- Se requiere un periodo de tiempo para desarrollar las tendencias y entonces las condiciones del equipo pueden ser estimadas.
- Costoso.
- Se requieren especialistas entrenados.

Mantenimiento basado en el uso o el tiempo
- Fallas reducidas, pocas detenciones de los equipos, pocas pérdidas de producción.
- El mantenimiento se puede planificar con buena provisión.
- Mejoramiento de las condiciones de calidad y seguridad.
- Identificación de equipos con excesivos costos de mantenimiento indicando la necesidad de mantenimiento correctivo, entrenamiento del operador o reemplazo de equipos obsoletos.
- Reducidos costos de sobre-tiempo y un uso más económico de los trabajadores debido a una planificación temprana.
- Las actividades de mantenimiento y el costo se incrementan.
- Se hace un mantenimiento innecesario e invasivo.
- Aplicable solamente para el deterioro por el tiempo.
- Riesgo de daños a elementos adyacentes durante las tareas de mantenimiento preventivo.

- Mantenimiento preventivo, trayendo el equipo a la condición de tan bueno como nuevo, es a menudo no deseado a causa del aumento de la probabilidad de mortalidad infantil.

Tercerización: otra alternativa

- La tercerización es a menudo propuesto, o usado, como una solución para muchos problemas de las compañías.
- Varias razones pueden ser mencionadas, pero en el fondo es para aumentar la competitividad.
- Esta puede ser realizada ya sea en actividades críticas, no críticas o bien combinadas.
- Aunque puede tener muchos beneficios, la tercerización puede conducir a muchas fallas potenciales, las cuales dar problemas mayores. Una de las más importantes es la pérdida del know-how.

Etapas

Requerimiento de trabajo.
¿Qué hay que hacer?

Planificación de trabajos
¿Cómo hay que hacerlo?

Programación del trabajo
¿Cuándo hay que hacerlo?

Ejecución del trabajo
¿Con quién hay que hacerlo?

Finalización del trabajo
¿Cuál será el protocolo?

Control y evaluación del trabajo
¿Cómo se mide la eficiencia?

Demanda de servicio

La cual se puede establecer mediante
- Frecuencia indicada por el fabricante de la maquina o el repuesto.
- Experiencia de los operadores o gente de experiencia de mantenimiento de la planta.
- Quejas del Operador.
- Rondas de inspección.
- Programas anteriores y análisis de desviaciones.
- Políticas de abastecimiento de la demanda.
- Actualización del Equipo.

Para planificar se requiere
- Listado de requerimientos.
- Planificaciones anteriores con la introducción de los resultados de la retroalimentación (Hacer un análisis crítico de los éxitos y fracasos de las planificaciones anteriores).
- Recoger y analizar indicadores de eficiencia.

Para programar se necesita
- El plan de Mantenimiento.
- Listado de personal con sus capacidades.

- Listado de las facilidades disponibles.
- Listado de procedimientos, los cuales se incluyen en las órdenes de trabajo.
- Programas anteriores con introducción de mejoras.

Distribución del trabajo
- Coordinar con producción el momento de intervenir el seguimiento del avance de las intervenciones.

Realización de las intervenciones
- Movilización de recursos,
- Consignación de las instalaciones,
- Medidas de seguridad,
- Intervención misma,
- Transferencia del equipo a producción.
- Rendición de cuentas: causa que originó la intervención, descripción de dificultades encontradas para cumplir los plazos previstos de intervención. La idea es resaltar los puntos que causan la perdida de eficiencia de la función mantenimiento.

Gestión de personal
- Datos para el salario (HH, bonificaciones, etc.).
- Motivación del personal

Pruebas
- Pruebas en vacío y con carga y medición de las variables de control.
- Análisis del comportamiento basado en conocimientos del experto.
- Diseñar experimentos para comprobar la eficiencia del equipo.
- Fijar período de prueba, ajustes y observación.

Control
- Definición y manejo de indicadores.
- Gestión de los desvíos.
- Definición e implementación de acciones correctoras.

Efectividad

Proceso
- Mediante un cuestionario estructurado ayuda a determinar si su sistema de mantención está funcionando bien.
- Identifica los modos de falla asociados con el componente o sistema.

¿Existe una tasa significativa de degradación por la edad de sistema? ¿Están los componentes con los materiales agotados? ¿Los modos de falla están ocurriendo hoy en día?

Capturando y manteniendo datos históricos estos ayudarán a responder estas preguntas.

Identificación de las fallas funcionales

¿Es la falla funcional evidente para el operador? ¿Alguien nota que la falla se produjo?

Determine que tipos de tareas es usada para identificar la falla:

- Mantenimiento periódico: son de tareas de mantenimiento periódico sin mirar la condición.
- Mantenimiento por condición: test o inspecciones basadas solamente en la condición del equipo.
- Ingeniería de confiabilidad: uso de tareas de mantenimiento para encontrar fallas que no son normalmente observadas.

Identifique y mida la característica o parámetro que con certeza refleja el estado del sistema o componente. Por ejemplo vibraciones del ítem.

Defina las tolerancias aceptables e inaceptables para la medida característica.

¿Es actualmente la actividad de mantenimiento efectiva?

Cada tipo de tarea tiene diferentes medidas para determinar su efectividad.

- Mantenimiento periódico: la probabilidad de falla aumenta en un periodo determinado de uso, una gran población sobrevive a esa edad y las tareas de mantenimiento restauran a su estado original de resistencia a la falla.
- Mantenimiento por condición: las características correspondientes a los modos de falla pueden ser identificados, ellos pueden ser medidos con exactitud y consistencia, y las tareas proveen un amplio tiempo entre la detección y la falla.
- Ingeniería de confiabilidad: la falla no es evidente al personal y no existen taras preventivas.

Si las tareas de mantenimiento no son efectivas, se necesita ya sea modificarla para así llegar a ser efectiva o bien eliminarla.

Identifique las consecuencias de la falla
Identifique si las consecuencias de las falla están relacionadas con seguridad o regulación, producción o costo del sistema o componente.

¿Existen tareas de mantenimiento que agreguen valor?
Para determinar si las tareas de mantenimiento agregan valor, use diferentes medidas para cada categoría que las consecuencias de la falla pueden introducir:
- Seguridad o regulación: reducir la probabilidad de falla a un nivel aceptable.
- Producción: reducir el riesgo de falla a un nivel aceptable.
- Para el resto: costo de las tareas de mantenimiento preventivo a un valor menor que el costo de una reparación imprevista más el costo de pérdida de capacidad.

Haga recomendaciones para los cambios (si son necesarios)
      a. Mantenga el mismo procedimiento, si es efectivo.
      b. Elimine el procedimiento si es inefectivo.

c. Modifique el procedimiento para que sea efectivo.
d. Cambie la frecuencia de las pruebas.
e. Agregue un nuevo procedimiento.
f. Cambie la forma de medir el deterioro por edad del componente.
g. Combine con otros procedimientos.
h. Otras sugerencias.

Si se decide recomendar cambios en los procedimientos, describa cualquier cambio y las razones detrás del cambio.

Ciclo virtuoso

Un ciclo virtuoso es un conjunto de eventos que se refuerza a través de un circuito de retroalimentación. Un ciclo virtuoso tiene resultados favorables. Un ciclo virtuoso puede transformar en un ciclo vicioso, si se tiene en cuenta la retroalimentación negativa final. Ambos círculos son complejos de eventos con ninguna tendencia hacia el equilibrio (al menos en el corto plazo). Ambos sistemas de eventos tienen ciclos de retroalimentación en el que cada iteración del ciclo refuerza la primera (retroalimentación positiva). Estos ciclos se mantendrán en la dirección de su impulso hasta que un factor externo interviene y rompe el ciclo.

GMAO

En la práctica, se trata de un Programa Informático (Software), que permite la gestión de mantenimiento de los equipos y/o instalaciones de una o más empresas, tanto mantenimiento correctivo como preventivo, predictivo, etc.

Los Programas GMAO suelen estar compuestos de varias secciones o módulos interconectados, que permiten ejecutar y llevar un control exhaustivo de las tareas habituales en los Departamentos de Mantenimiento como:

- *Control de incidencias, averías, etc. Formando un historial de cada máquina o equipo.*
- *Programación de las revisiones y tareas de mantenimiento preventivo: limpieza, lubricación, etc.*
- *Control de Stocks de repuestos y recambios, conocido como gestión o Control de Almacén.*
- *Generación y seguimiento de las "Ordenes de Trabajo" para los técnicos de mantenimiento.*

Ventajas de utilizar Programas GMAO - Software GMAO

Los Programas GMAO nos permiten disponer de gran cantidad de información, de una forma adecuada y fácil de extraer.

Al mismo tiempo, nos permitirá programar en función de los parámetros que decidamos, las revisiones preventivas y/o predictivas, generando los listados correspondientes para la tarea de los técnicos, según los plazos programados.

Los mejores Programas GMAO - Software GMAO

Lantek Óptima

Software para la administración, conservación y explotación de activos. Indicado para empresas de Mantenimiento y proveedores de servicios públicos o privados.

PRISMA3 sisteplant

Es la solución GMAO más sencilla y avanzada, con soluciones verticales para empresas de mantenimiento sus políticas y optimización.

SIMI

Software de planificación y control para la gestión eficaz de mantenimiento preventivo, correctivo y predictivo de equipos e instalaciones en la industria.

PGMWin

El sistema para la planificación del Mantenimiento, desarrollo del personal y demás. Software para plantas industriales.

MAGMA (Mantenimiento General de Maquinaria y procesos Industriales)

GMAO completo, económico, intuitivo y versátil, apto para la gestión de cualquier tipo de proceso. Desarrollado para incrementar la productividad, reducción de costes, asegurar la calidad y evitar problemas.

PRIMAVERA Maintenance

Para la gestión eficaz del equipamiento.
Solución integral para planificar, programar y gestionar el mantenimiento de acuerdo con los recursos humanos y los medios técnicos disponibles, de forma sencilla en base al plan productivo y las condiciones operacionales del equipo.

¿Cuáles son las principales características de un GMAO?
Las principales son:
- Planificación Eficiente: deben permitir efectuar planificaciones de actividades de manera periódica, definidas según un plan fijado por la empresa o bien intervenciones puntuales.
- Plan de paradas: el plan de paradas se puede establecer mediante la determinación de límites temporal e incluyendo las localizaciones afectadas por dichas paradas.
- Solicitudes de trabajo: mediante esta funcionalidad cualquier usuario de GMAO puede emitir solicitudes de intervención para el mantenimiento de uno o más activos.
- Control de costes: efectuar un seguimiento y control de los costes permitiendo contabilizar trabajos para facturarlos posteriormente en función a servicios efectuados en las obras definidas

Fases de implementación de GMAO
- Codificación de los equipos
- Introducción de los equipos en el sistema
- Introducción del personal en el sistema
- Codificación de tareas

- Introducción de las tareas en el sistema
- Codificación del repuesto
- Introducción del inventario de repuesto en el sistema
- Definición del Plan de Mantenimiento Programado

Introducción del Plan en el Sistema
Definición de determinadas formas de funcionamiento:
- Apertura y cierre de órdenes de trabajo
- Entradas y salidas del almacén
- Gestión de compras
- Creación de documentos personalizados:
- Orden de trabajo
- Formato de Gama de mantenimiento programado
- Formato de informe de intervención
- Formato de propuesta de mejora
- Diseño de los informes que debe generar el sistema

La lista de tareas que es conveniente preparar en paralelo a la implantación del programa para que estén listos en el momento preciso en que se necesiten sería la siguiente:
- Definir el plan de mantenimiento preventivo
- Tener inventariado el repuesto
- Lista del personal y su organigrama
- Definir el flujo de una orden de trabajo

- Definir el sistema de entradas y salidas del almacén
- Definir el sistema a seguir para realizar las compras
- Definir los informes que se necesitarán.

Errores Habituales en la Implementación de GMAO
- Iniciar la utilización de estas herramientas electrónicas puede ser muy beneficioso pero si no se inicia sin definición de objetivos o una mala informatización y se lo realiza sin más, pueden darse entonces algunas situaciones.
- Coste del sistema mucho mayor del esperado.
- Aumento del personal indirecto.
- Aumento del volumen de información en soporte papel.
- El sistema proporciona datos.
- La información no es fiable.

Órdenes de trabajo

La orden de trabajo (ODT) es el documento en que el mando de mando de mantenimiento INFORMA al técnico sobre la tarea que tiene que realizar.

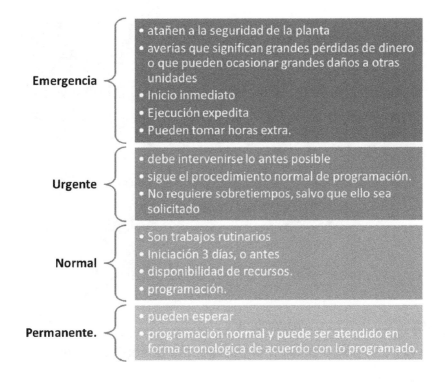

Tipos de orden de trabajo

Orden de Trabajo Correctiva

Comunicación de una intervención para corregir un problema que se ha detectado en un equipo.

Solicitud-organizado-ejecutador

Orden de Trabajo Preventiva

Se conoce con precisión el trabajo que desea realizarse.

Experiencia

Fichas

ORDEN PARA TRABAJO DE MANTENIMIENTO

FECHA DE RECEPCIÓN: _____

NO. DE ORDEN: _____

DATOS DEL SOLICITANTE

FECHA DE SOLICITUD:	
DIVISIÓN/COORDINACIÓN:	
DEPARTAMENTO:	
SOLICITANTE:	
TELEFONO:	EXT:
HORARIO DEL ÁREA: DE ____ A ____ HRS.	
DIAS: LUN MAR MIE JUE VIE	
EDIFICIO:	NIVEL:
CUBICULO:	DUCTO:
DESCRIPCIÓN DEL TRABAJO:	
VO BO JEFE DE DEPARTAMENTO:	

DATOS PROPIOS DE LA SECCIÓN REF:152000

AREA DE TRABAJO:	
1ª. ASIGNACIÓN:	2ª. ASIGNACIÓN:
3ª. ASIGNACIÓN:	CANCELACIÓN:
REALIZO:	
OBSERVACIONES:	

RECIBI EL TRABAJO DE CONFORMIDAD:

FECHA DE INICIO DEL TRABAJO:	
FECHA DE TERMINACIÓN DEL TRABAJO:	
NOMBRE:	
FIRMA:	

ORDEN PARA TRABAJO DE MANTENIMIENTO

FECHA DE RECEPCIÓN: _____

NO. DE ORDEN: _____

DATOS DEL SOLICITANTE

FECHA DE SOLICITUD:	
DIVISIÓN/COORDINACIÓN:	
DEPARTAMENTO:	
SOLICITANTE:	
TELEFONO:	EXT:
HORARIO DEL ÁREA: DE ____ A ____ HRS.	
DIAS: LUN MAR MIE JUE VIE	
EDIFICIO:	NIVEL:
CUBICULO:	DUCTO:
DESCRIPCIÓN DEL TRABAJO:	
VO BO JEFE DE DEPARTAMENTO:	

DATOS PROPIOS DE LA SECCIÓN REF:152000

ÁREA DE TRABAJO:	
1ª. ASIGNACIÓN:	2ª. ASIGNACIÓN:
3ª. ASIGNACIÓN:	CANCELACIÓN:
REALIZO:	
OBSERVACIONES:	

RECIBI EL TRABAJO DE CONFORMIDAD:

FECHA DE INICIO DEL TRABAJO:	
FECHA DE TERMINACIÓN DEL TRABAJO:	
NOMBRE:	
FIRMA:	

ORDEN DE TRABAJO DE MANTENIMIENTO

Número de control:

Mantenimiento	Interno ☐	Externo ☐
Tipo de servicio:		
Asignado a:		

Fecha de realización:	
Trabajo Realizado:	
Verificado y Liberado por:	Fecha y Firma:
Aprobado por:	Fecha y Firma:

INSTRUCTIVO DE LLENADO

NUMERO	DESCRIPCIÓN
1.	Anotar número de control de la orden de trabajo asignado por el Jefe del Departamento de Rec. Materiales y Servicios o de Mantenimiento y/o centro de computo según sea el caso.
2.	Anotar una X interno o externo según e tipo de servicio de que se trate.
3.	Anotar la clase de mantenimiento a realizar, por ejemplo, eléctrico, plomería, herrería, pintura, obra civil, entre otros si es interno y si es externo revisar el anexo 8 del MSGC.
4.	Anota el nombre del trabajador de mantenimiento y/o servicios generales al que se le asigna el trabajo a realizar o a supervisar.
5.	Anotar la fecha durante la cual se realizó el servicio de mantenimiento.
6.	Anotar la descripción del trabajo desarrollado, (en caso de ser necesario utilizar hojas adicionales).
7.	Anotar el nombre del Jefe del Área que solicito el trabajo y quien verifica, acepta y libera.
8.	Anotar la fecha y firma del jefe que libera el trabajo.
9.	Anotar el nombre del Jefe del Departamento de Recursos Materiales y Servicios y/o Mantenimiento y/o centro de computo según sea el caso, quien aprueba el trabajo liberado.
10.	Anotar la fecha y firma del Jefe del Departamento de Recursos Materiales y/o Mantenimiento y/o centro de computo, quien aprueba el trabajo liberado. .

PLAN DE MANTENIMIENTO FICHA DE OPERACIONES	NIVEL 2 / 3 / 4
NOMBRE DE LA MÁQUINA	FECHA DE LA REVISIÓN
MARCA DE LA MÁQUINA MODELO Nº DE SERIE	TIPO DE INSPECCIÓN
MARCA, MODELO Y NÚMERO DEL MOTOR CLASE DE COMBUSTIBLE	HORAS DE FUNCIONAMIENTO
MARCA, MODELO Y NÚMERO DE LOS ACCESORIOS NOMBRE DEL ACCESORIO	ORIGINAL SUSTITUIDO ☐ ☐ ☐ ☐ ☐ ☐

Principal	GENERAL	Secundario	Principal	MOTOR PRINCIPAL	Secundario	Principal	MOTOR PRINCIPAL	Secundario
	1. COMPROBACIONES PREVIAS			11. CULATA, COLECTOR, SILENCIADOR, TUBO ESCAPE			41. DEPÓSITOS, TAPÓN Y JUNTAS NIVEL Litros	
	2. ENGRASE Guía de engrase fecha publicación			12. PRUEBAS DE COMPRESIÓN Cilindro 1 2 3 4 5 6 7 8			42. BUJÍAS Separación electrodos	
	3. EXTINTOR INCENDIO Marca fecha carga			13. FILTROS y refrigeradores de aceite			43. INDICADORES	
	4. PUBLICACIONES			14. CÁRTER, RESPIRADERO			44. DISTRIBUIDOR	
				15. RADIADOR Protección refrigerante - °C			45. BOBINA Y CABLEADO	
							46. REGULADOR DE TENSIÓN	
				16. BOMBA DE AGUA VENTILADOR			47. MECANISMOS DE VÁLVULAS	
				17. CORREAS Y POLEAS			48. LUCES	
	5. ASPECTO EXTERIOR (limpieza pintura placas identificativas)			18. VÁLVULAS DE DESCARGA			49. CALENTADOR DE AIRE	
				19. REGULADORES Y ARTICULACIONES			50. MOTOR DE ARRANQUE	
				20. CONTROLADORES DE VELOCIDAD			51. PALANCAS, ARTICULACIONES, PEDALES	
	6. MODIFICACIONES			21. PURGADORES Y CEBADORES			52. PURGADOR DE AIRE	
				22. EMBRAGUE Y CAJA DE CAMBIO			53. GENERADORES	
	7. HERRAMIENTAS Y EQUIPOS			23. BOMBA DE COMBUSTIBLE Y TUBOS			54. TUBOS DE COMBUSTIBLE	
				24. CARBURADOR Y ARTICULACIONES			55. APARATOS DE MEDIDA	
				25. FILTRO DE COMBUSTIBLE			56. BASTIDOR	
				26. FILTROS DE AIRE			57. BATERÍA Y CABLES	
				27. INYECTORES, BOMBA DE INYECCIÓN				
				28. CALENTADOR DE AGUA Temperatura				

ORDEN DE TRABAJO

LOGOTIPO

N° OT	Fecha inicio	Fecha fin
Cliente		
Domicilio		
Responsable	Teléfono	

Descripción máquina		Horas/km	
Marca	Modelo	N/S	Año
Descripción breve		Tipo de servicio	

Trabajos a realizar

Trabajos realizados

Cant	Descripción o código	Precio	Importe

Total

Resultado	V° B° puesta en servicio	Conforme cliente
Causas	(Puesto de trabajo despejado, limpio y listo para entrar en funcionamiento)	(Conforme con los trabajos realizados)

FidesTec

ORDEN DE TRABAJO

N° OT	1300 888 H
Fecha inicio	1/1/2000
Fecha fin	31/12/2010
Cliente	BOTAS EL TACONAZO
Domicilio	C/ EMPEINE, S/N. MADRID.
Responsable	ANTONIO HEBILLA
Teléfono	666 111 222
Descripción máquina	GRAPADORA NEUMÁTICA
Horas/km	641
Marca	GRAPAGUAY
Modelo	3000
N/S	1000246
Año	2009
Descripción breve	REPARACION VÁLVULAS
Tipo de servicio	MECÁNICA

Trabajos a realizar: EN ALGUNOS CICLOS SE ATASCA EL EJE SUPERIOR.

- [ ] No afecta a operaciones ni producción
- [ ] Riesgo a niveles de inventario o calidad
- [x] Afecta a inventario o calidad
- [ ] Riesgo de pérdida parcial de la producción
- [ ] Ocasionada pérdida parcial de la producción
- [ ] Riesgo de pérdida total de la producción
- [ ] Ocasionada pérdida total de la producción

- [ ] Función de repuesto disponible
- [x] Hay opción de función de repuesto
- [ ] No hay opción de producción ni repuesto

- [x] No afecta al consumo energético
- [ ] Afecta al consumo energético

- [ ] No hay riesgo de daño
- [ ] Riesgo de daños a instalaciones
- [ ] Riesgo de daños al medio ambiente
- [ ] Afecta a las instalaciones
- [ ] Afecta al medio ambiente
- [ ] Riesgo de daños a las personas
- [ ] Producido daños a las personas
- [ ] Requiere aviso a entes externos

Trabajos realizados:
DESMONTAR EJE.
LIMPIAR Y LUBRICAR.
HACER VARIAS PRUEBAS EN ALGUNOS CICLOS FALLA,
AL PARECER PORQUE LA VÁLVULA NO ACTÚA.
SUSTITUIR VÁLVULA Y PROBAR.
FUNCIONA CORRECTAMENTE.

Cant	Descripción o código	Precio	Importe
1	VÁLVULA 5/2 G1/8" 24Vdc	25	25
1	HORA MANO OBRA (11:45-12:45h)	12	12
	Total		36

Resultado: OK

Causas: DESGASTE

V° B° puesta en servicio: A. HEBILLA
(Puesto de trabajo despejado, limpio y listo para entrar en funcionamiento)

Conforme cliente: A. HEBILLA
(Conforme con los trabajos realizados)

SINOPSIS del PROYECTO y DESARROLLO del MANTENIMIENTO PREVENTIVO CORRECTIVO y de SERVICIO Destinado a un centro operativo informático de salas técnicas, centro de datos y telecomunicaciones de la firma GLOBAL SWICHT (Madrid), y para la aplicación del mismo, -EN 5 FASES-, a cargo de la empresa GTM (Madrid).-

FASE 1

Título: Instauración de un gabinete técnico estructurado en 3 pilares.

Contenido

Estructura del gabinete técnico. Basado en 3 pilares del mantenimiento preventivo, correctivo y de servicio de las maquinarias, sistemas de control y funcionamiento, instalaciones edilicias, accesorios, etc.; sumándole a éstos, las pruebas o simulacros de funcionamiento de equipos. Distribución de las funciones dentro del gabinete técnico, para el desarrollo y aplicación del proyecto presente, manteniendo la estructura actual de horarios y desempeño de los técnicos.

Objetivos

Lograr la eficiencia del mantenimiento, a través de la organización, la programación, la dirección, la ejecución, y la supervisión, correctamente aplicada, dentro del recurso humano integrante del mantenimiento. Delegar y descentrar funcionalidades, desconcentrando y canalizando la operatoria, sin mezclar ni confundir los procedimientos individuales del mantenimiento. Formas y aplicaciones.

FASE 2

Título: Instructivo formativo o manual explicativo dirigido al personal técnico afectado al mantenimiento.

Contenido

Comprender la función del mantenimiento preventivo, sus aplicaciones y resultados finales.
Diferenciar el montaje de obra del mantenimiento correctivo. Diferenciar el mantenimiento correctivo del Mantenimiento preventivo. Diferenciar el mantenimiento preventivo del mantenimiento de servicio. Qué compone el mantenimiento en sí mismo. Es mejor prevenir que

corregir. Formas, tipos y subtipos de mantenimiento, estructuras en las industrias relevantes.

Objetivos

Entender claramente cuál es el rol del mantenimiento preventivo, correctivo y de servicio.

Comprender que con el mantenimiento preventivo se reducen costos innecesarios, se reduce la contaminación, se reduce el derroche inútil de energía y el riesgo de los imprevistos o de las situaciones impensadas, de diferente gravedad, en el funcionamiento de las maquinarias y los distintos sistemas, sean eléctricos, neumáticos, hidráulicos, u otros.

FASE 3

Título: Estructuración y consideraciones del contenido a incluir en el mantenimiento preventivo, correctivo y de servicio.

Contenido
Componentes técnicos, elementos, órdenes de trabajo, inspecciones, mediciones, parámetros y controles diarios que formarán parte del contenido.
Sectores prioritarios y primordiales; sectores secundarios, sectores terciarios dentro de la pirámide de relevancia en el mantenimiento cotidiano. Equipos y sistemas de funcionamiento a tener en cuenta al

momento de estructurar el mantenimiento fijo con relación al mantenimiento menos frecuente.

Consideración de la importancia del mantenimiento correctivo de urgencia con relación al correctivo menos importante. Mantenimiento de servicio, espontáneo y estructurado. Montajes o desmontajes dentro de la estructura del mantenimiento preventivo, correctivo.

Estructura de tiempos y periodos de prueba del ensayo de urgencias y emergencias en los equipos, en casos de tensión cero, en caso de incendios, siniestros, o situaciones de riesgo. Previa puesta a punto de todos los equipos e instalaciones del lugar.

Objetivos

Desarrollar el contenido que formará parte del mantenimiento diario, mensual y anual, logrando un ritmo cíclico frecuente dentro del control de los equipos, para poder visualizar con antelación cualquier fallo, avería o incidente y evitar cualquier daño mayor e inevitable en las instalaciones y equipos. Como así conocer de antemano –mediante estadísticas- cuál será el consumo de accesorios, repuestos u otros elementos componentes de los equipos e instalaciones, y evitar costos innecesarios sobre el funcionamiento de los equipos, utilizando para esto, de manera certera y no improvisada, los medios humanos, técnicos, informáticos, científicos.

FASE 4

Título: Disposición y desarrollo del "planning de tareas diarias" del mantenimiento.

Contenido
Considerar un itinerario diario en el mantenimiento preventivo, correctivo y de servicio, teniendo en cuenta sobretodo la Fase 3. Crear un planning estructurado por cada hora de cada día, durante las 24 horas; por semana, por mes y por año.

Teniendo en cuenta: el funcionamiento diario de los sectores a ser controlados, los sitios deshabitados o sin funcionamiento; los sábados, domingos y festivos; el horario nocturno; y los horarios respectivos de mantenimiento.

Objetivos

Lograr la máxima supervisión y control sobre las instalaciones y equipos, de manera eficiente y no eficientista, sobrellevando un ritmo diario, semanal y mensual, por cada día de la semana, y acorde a lo señalado en la Fase 3. Sin entorpecer dicho ritmo más que por alguna urgencia, emergencia o imprevisto casual.

FASE 5

Título: Conmutar el mantenimiento, de un sistema manual (actual) a un sistema automatizado (sobre las 5 fases).

Contenido

Aplicación de las 4 fases. Desarrollo de cada una de ellas, sobre la base de lo que actualmente está establecido. Teniendo en cuenta la supervisión y la aplicación de cada Fase.

Objetivos

Desarrollo del mantenimiento preventivo, correctivo, y de servicio. Lograr la aplicación de éste dejando plasmado y acreditado en Informes, planillas de control, planillas de parámetros y mediciones, partes diarios de tareas de mantenimiento, preventivo, correctivo o de servicio, de carácter oficial y rubricado por la supervisión del caso. A fin de lograr como objetivo final, estadísticas y previsiones del funcionamiento diario, tanto en instalaciones como en equipos, y así mantener el control absoluto sobre los mismos.

Anexo final a la sinopsis

Considerar primordialmente, la organización y la función del gabinete técnico para su aplicación; los recursos humanos con que se cuenta, la capacitación, conocimiento, preparación, experiencia de los mismos, como así también la difusión -dentro del personal técnico-, de las tecnologías y de los sistemas automatizados habidos y por haber, y la actualización capacitación permanente del personal inmerso en el mantenimiento.

Observar los cambios que se producen dentro del sector donde se realiza el mantenimiento, (agregados de equipos, instalaciones y movimientos de personal o sectores de trabajo) para modificar, en caso necesario, el planning de tareas diarias.

Finalmente, conocer, difundir y aplicar todas las normativas y procedimientos que afecten al mantenimiento, a la seguridad para la realización del mismo, al personal que lo realiza; sean de nivel contractual, de convenio, leyes laborales, normativas nacionales e internacionales, etc., fundamentalmente de seguridad laboral; sobre todo las normas de convivencia y respeto entre el personal afectado al mantenimiento, para un mayor y mejor desempeño en las funciones a desarrollar.

Diagramas sistemas mantenimiento preventivo - correctivo

SÍMBOLO	NOMBRE	DESCRIPCIÓN
○	Inicio asíncrono	El inicio del proceso se desencadena a solicitud del usuario.
⌖	Inicio síncrono	El inicio del proceso se desencadena por un evento temporal.
✹	Inicio múltiple	El inicio del proceso se desencadena tanto de manera asíncrona como síncrona.
○	Fin	Simboliza el fin tanto de un proceso como de un procedimiento.
⊕	Fin a proceso	Simboliza el inicio de otro proceso desde el actual, finalizando su flujo de actividades en este punto.
⊕	Llamada a proceso	Simboliza el inicio de otro proceso desde el actual, continuando su flujo de actividades una vez ejecutado el proceso llamado.
⌖	Temporizador	Marca tiempos de espera.
▭	Actividad	Representa cada una de las actividades del proceso que consideramos como atómica.
▭	Procedimiento	Representa una actividad no atómica (procedimiento) que se desarrolla en un diagrama anexo.
▭	Agrupación de actividades	Proporciona un mecanismo para agrupar actividades visualmente. Suele ir asociado a un bucle.
↻	Bucle	Simboliza que la actividad o agrupación de actividades se ejecutan repetidamente hasta que se cumple una condición.
◇	Puerta de decisión exclusiva	Modela decisiones que sólo pueden tener un valor cierto de entre varios posibles. El flujo de salida elegido será el que cumpla la condición expresada dentro del símbolo.
◆	Puerta de flujos paralelos	El primer caso modela flujos de actividades que se ejecutan de modo paralelo. El flujo del proceso continúa por todos ellos. El segundo caso indica que todos los flujos de actividades de entrada a la puerta deben confluir para que el flujo del proceso continúe hacia la siguiente actividad.
◇	Puerta de decisión inclusiva	Modela decisiones que pueden tener uno o más valores ciertos de entre varios posibles. Los flujos de salida elegidos serán todos aquellos que cumplan la condición expresada dentro del símbolo.
◇	Puerta de confluencia de flujos	Indica que todos los flujos de actividades de entrada a la puerta posibles (puede que alguno de ellos no lo sea) deben confluir para que el flujo del proceso continúe hacia la siguiente actividad.
∨	Fase	Identifica y delimita las etapas en que puede dividirse un proceso o procedimiento.
▭	Almacenamiento	Representa el almacenamiento en soporte electrónico de datos. Este símbolo siempre va ligado a una actividad.
▭	Documento	Representa el uso o generación de algún soporte documental (formato papel o electrónico). Este símbolo siempre va ligado a una actividad.
→	Conector flujo continuo	Conecta la secuenciación de actividades realizadas por el propietario del proceso y las relaciones con el usuario.
⇢	Conector flujo discontinuo	Conecta la secuenciación de actividades realizadas por el propietario del proceso y las relaciones con los proveedores y, en su caso, de éstos y usuario.
∕∕	Anotaciones	Proveen de información adicional y facilitan la comprensión del diagrama de flujo del proceso.

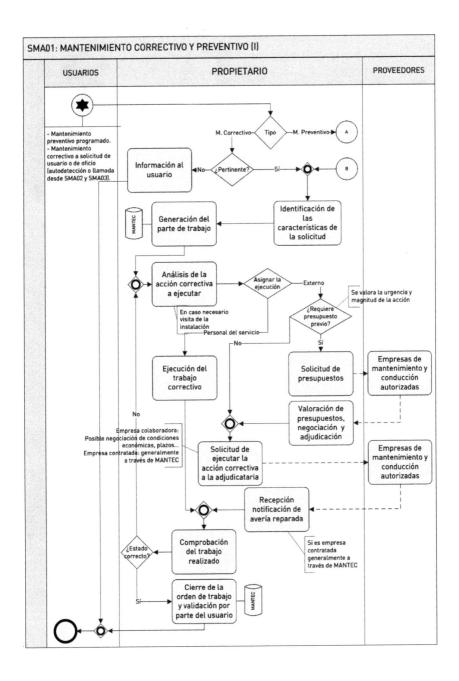

SMA01: MANTENIMIENTO CORRECTIVO Y PREVENTIVO (II)

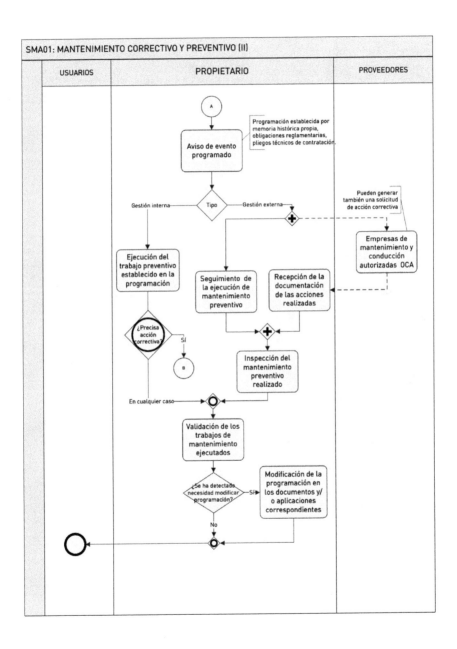

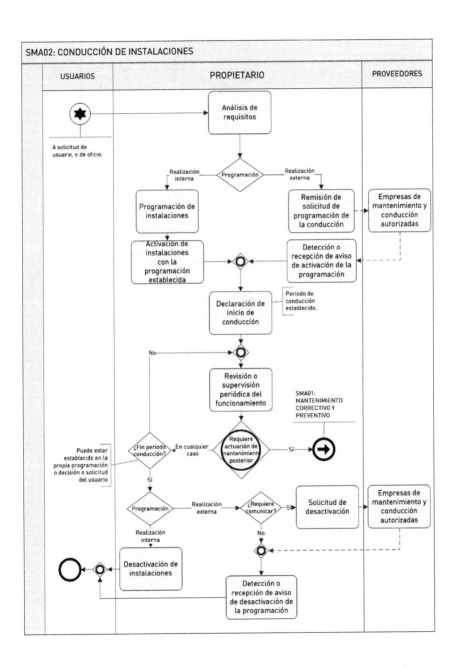

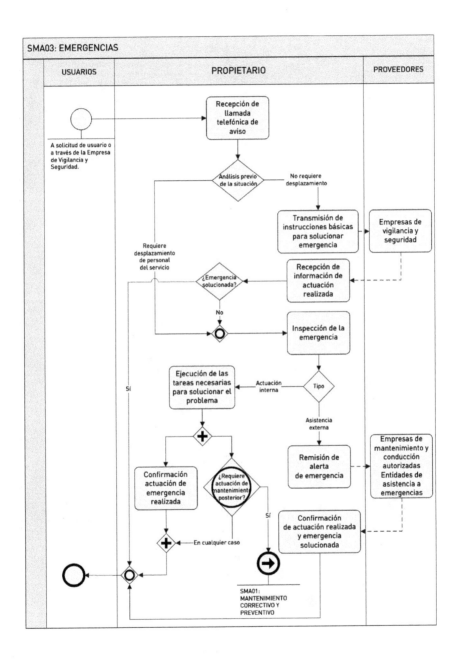

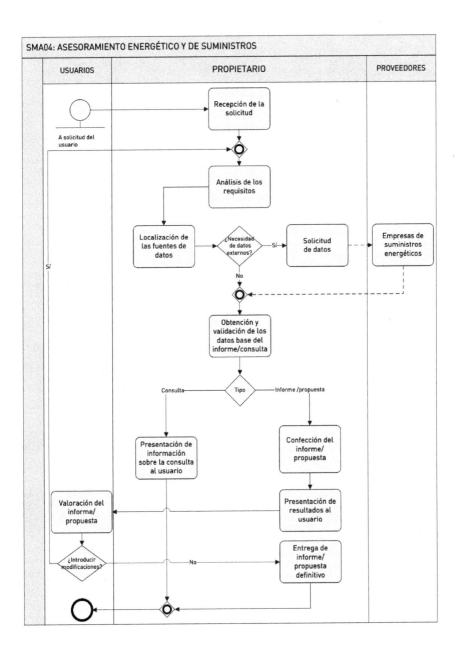

Gestión del mantenimiento
preventivo - correctivo

Miguel D'Addario

Primera edición

2015

CE

CPSIA information can be obtained
at www.ICGtesting.com
Printed in the USA
LVHW042217051020
667991LV00012B/154